电力信息通信及电力监控安全性评价工作指导手册

国网冀北电力有限公司
国网智能电网研究院有限公司 组编

中国电力出版社
CHINA ELECTRIC POWER PRESS

图书在版编目（CIP）数据

电力信息通信及电力监控安全性评价工作指导手册 / 国网冀北电力有限公司，国网智能电网研究院有限公司组编 . — 北京：中国电力出版社，2022.5

ISBN 978-7-5198-6636-5

Ⅰ . ①电…　Ⅱ . ①国…　②国…　Ⅲ . ①电力通信系统－安全评价－手册②电力监控系统－安全评价－手册　Ⅳ . ① TN915.853-62 ② TM73-62

中国版本图书馆 CIP 数据核字（2022）第 049336 号

出版发行：中国电力出版社
地　　址：北京市东城区北京站西街 19 号（邮政编码 100005）
网　　址：http：//www.cepp.sgcc.com.cn
责任编辑：崔素媛（010-63142392）
责任校对：黄　蓓　马　宁
装帧设计：郝晓燕
责任印制：杨晓东

印　　刷：北京雁林吉兆印刷有限公司
版　　次：2022 年 5 月第一版
印　　次：2022 年 5 月北京第一次印刷
开　　本：787 毫米 ×1092 毫米　16 开本
印　　张：12.25
字　　数：235 千字
定　　价：59.00 元

编委会

编写组

前 言

为有效提升网络安全监督管理工作，依据相关法律法规、标准、规章制度，国家电网公司安监部对2015年发布的《信息通信及电力监控安全性评价规范（试行）》进行了更新修订，于2019年3月发布了Q/GDW 11807—2018《信息通信及电力监控安全性评价规范》。

2014年2月，习近平总书记在中央网络安全和信息化领导小组第一次会议上讲话指出：没有网络安全就没有国家安全。2016年4月，习近平总书记在网络安全和信息化工作座谈会上讲话强调：加快构建关键信息基础设施安全保障体系。金融、能源、电力、通信、交通等领域的关键信息基础设施是经济社会运行的神经中枢，是网络安全的重中之重。随着2017年6月《中华人民共和国网络安全法》的实施，网络安全已上升为国家战略，网络安全被纳入国家总体安全观，国家对网络安全的监管和要求全面进入法制化。电力作为国家重要关键基础设施，信息通信及电力监控系统的网络安全情况受到电力企业的广泛关注。信息通信及电力监控安全性评价工作作为安全监督工作中的重要环节，如何更规范、更有效地开展是各相关单位都非常关注的问题。

信息通信及电力监控安全性评价采用企业自评价和专家评价相结合的方式进行，各单位组织自评价，上级单位组织专家评价。一般分为自查评、专家查评、整改提高、复查评四个阶段，各查评阶段按照“评价、分析、评估、整改”的过程循环推进。安全性评价应以3～5年为一周期，评价周期内实行闭环动态管理。

评价内容包括安全管理体系、建设管理、调运检管理、信息系统安全防护、电力监控系统安全防护、通信系统及设备、信息通信机房及电源设施、应急管理八部分内容，标准分为2400分，其中安全管理体系200分、建设管理200分、调运检管理400分、信息系统安全防护400分、电力监控系统安全防护400分、通信系统及设备400分、信息通信机房及电源设施300分、应急管理100分。值得注意的是，《信息通信及电力监控安全性评价规范》编制是从省公司生产角度出发，地市级、县级、直属单位如存在不参评项目，则该项分值应从总分中剔除，不计入得分率计算，最终的查评得分率=（实得分/标准分）×100%。

本书按照Q/GDW　11807—2018《信息通信及电力监控安全性评价规范》的内容架构编排，为检索方便，在编排上与评价项目序号、标准、规定、文件等保持一致。同一评价项目的依据，按各有关标准和反措内容分别集中编排，且同一标准或反措的有关内容仍按原条文序号编排。因此，同一标准或反措的有关内容的先后顺序可能与依据不同，使用时请注意对同一评价项目的依据进行全面浏览，以免遗漏。查评时，若本书引用的标准、规定、文件等已修订或作废，请以新版本为准。当标准之间有矛盾时，一般以颁发日期较后者为准。引用的标准内容中又提出参见其他标准的，不再编入本书。

目　录

1 安全管理体系

安全管理体系包括组织体系、制度体系、安全管理、教育培训、事件调查与考核评价五部分 14 项查评内容，查评分共计 200 分。其中组织体系包含主要包括领导小组、组织机构和岗位职责 3 项内容；制度体系包含整体策略及总体方案制定、规章制度完整性和安全工作规程 3 项内容；安全管理包括安全分析会、安全检查、隐患排查治理和安全通报 4 项内容；教育培训包括安全培训和网络安全责任书、承诺书 2 项内容；事件调查与考核评价包括事件调查处置和考核评价 2 项内容。

1.1 组织体系

1.1.1 领导小组

评分标准

1）各单位应成立以主要负责人为组长的网络安全与信息化领导小组，负责本单位信息、通信和电力监控系统安全重大事项决策和协调等工作。

2）领导小组下设办公室，设在网络安全归口管理部门，成员由领导小组涉及部门有关人员组成，主要负责落实领导小组有关决策部署，协调相关事项，常态开展安全管理工作。

查评依据

【依据 1】《中华人民共和国网络安全法》

第三十四条 除本法第二十一条的规定外，关键信息基础设施的运营者还应当履行下列安全保护义务：

（一）设置专门安全管理机构和安全管理负责人，并对该负责人和关键岗位的人员进行安全背景审查。

【依据2】《国家电网公司关于印发网络安全管理职责的通知》(国家电网信通〔2017〕482号)

(一)网络安全和信息化领导小组

负责贯彻落实国家网络安全和信息化工作的方针政策，研究审议公司网络安全和信息化发展战略、规划，研究审议公司网络安全和信息化重大项目建设方案，研究解决公司网络安全和信息化工作中的重大事项。

【依据3】《国家电网公司网络与信息系统安全管理办法》[国网(信息/2)401—2018]

将网络安全纳入公司安全生产管理体系，实行统一领导、分级管理，遵循“谁主管谁负责，谁运行谁负责，谁使用谁负责，管业务必须管安全”的原则，严格落实网络安全责任和管理职责。

查证及评分方法

查阅各单位成立相关非常设机构的相关正式文件，文件应当为各单位人资部门正式发文。

未成立领导小组，本项不得分；领导小组未以主要负责人为组长，扣5分；领导小组成员未及时更新，扣5分；办公室未设在网络安全归口管理部门，扣5分。

1.1.2 组织机构

评分标准

1)各级单位应明确网络安全归口管理部门，并明确各业务部门网络安全职责分工。

2)省信息通信公司应设置独立的安全监察部门。

查评依据

【依据1】《国家电网公司关于印发网络安全管理职责的通知》(国家电网信通〔2017〕482号)

四、公司直属单位职责

各直属单位负责落实国家和公司有关网络安全法律法规、方针政策、标准规范；落实本单位建设和运行系统的安全防护、等级保护、风险评估、隐患排查治理、应急管理和重大活动安全保障工作；落实相关信息系统及业务数据安全保护管理，落实数据使用安全责任；研发产业单位负责本单位提供的网络产品、信息系统和服务的研发安全。

五、省（区、市）公司职责

组织所属相关部门、地市公司和直属单位贯彻落实公司电力监控系统和管理信息系统网络安全相关标准规范、规章制度和工作要求。

六、地市（县）公司职责

组织相关部门（单位）贯彻落实公司电力监控系统和管理信息系统网络安全相关标准规范、规章制度和工作要求。

【依据2】《国网人资部关于完善供电企业安全监督管理机构的通知》（人资组〔2017〕93号）

省（自治区、直辖市）公司（以下简称“省公司”）及所属地市供电公司、省送变电工程公司、省检修（分）公司、省信息通信（分）公司以及直接用工超过100人的县供电公司为安全生产一类单位，设置独立的安全监察质量部（其中省送变电工程公司设置独立的安全监察部）以及安全总监岗位。省公司可根据实际工作需要配备专兼职安全总监，其他单位安全总监原则上由安全监察质量部主任兼任。各单位干部职数保持不变，安全总监可参照总助副总师管理。

查证及评价方法

查阅各单位有关资料，并调查核实真实情况。

未明确网络安全归口管理部门，此项不得分；未明确分工，扣5分；省信息通信公司未设置独立的安全监察部，扣5分。

1.1.3 岗位职责

评分标准

1）各单位安监、设备、营销、信通、调控中心等专业部门应设置网络安全管理岗位，落实人员，明确职责，负责网络安全相关工作。

2）地市级以上通信机构应设置通信调度，设置通信调度岗位，并实施24h有人值班，负责其所属通信网运行监视、电路调度、故障处理。

查评依据

【依据1】《国家电网公司关于设置网络与信息安全岗位的通知》（国家电网人资〔2016〕906号）

省公司本部安质部电网安全监察处、运检部检修三处、营销部综合技术处、科信部信息处、调控中心自动化处设置网络与信息安全管理岗位。地市供电公司安监部门应加强网络与信息安全管理力度，在运检部、营销部、调度部门、信通公司设置网络与信息安全管理岗位。

【依据 2】《国家电网公司信息通信系统调度管理办法》[国网（信息 /3）493—2014]

公司信息通信调度采用分级模式设置，由上至下依次为：国家电网信息通信调度（简称国网信通调度，包含分部信息通信调度），省（自治区、直辖市）电力公司信息通信调度 [简称省信通调度，包含数据（灾备）中心信息调度]、地市（区、州）供电公司通信调度（简称地市通信调度）。直属单位根据工作需要设置信息通信调度。

第二十条 各级信息通信调度工作严格执行调度值班、交接班和调度汇报制度，各级信息通信调度实行 7×24 小时值班制度。

【依据 3】《国家电网公司电力二次系统安全防护管理规定》[国网（调 /4）337—2014]

省级以上调度机构应设置电力二次系统安全防护专责岗位，负责电力二次系统安全防护专业管理，以及本单位安全防护设备的运行管理。各单位应配置安全防护监视管理和审计平台，防病毒系统、IPS/IDS 设备等应及时更新特征代码库，安全设备应开启日志审计功能。

查证及评价方法

查阅设置岗位相关文件。

未设置网络安全管理岗位，每缺失一个专业，扣 2 分；未设置通信调度岗位，未实施 24h 有人值班，扣 10 分。

1.2 制度体系

1.2.1 整体策略及总体方案制定

评分标准

各单位应制定网络安全工作的整体策略和总体防护方案，明确网络安全工作的总体目标、范围、防护框架和防护措施，严格执行已颁布的安全技术标准。

评价依据

【依据 1】《国家电网公司信息通信工作管理规定》[国网(信息/1)399—2014]

第二十条 信息通信规划应按照公司发展战略，在分析需求、评估现状、预测趋势的基础上，开展制定和滚动修编工作。信息通信规划应明确总体思路、基本原则和技术政策，提出规划目标和重点任务，编制相应的重点项目计划以及年度投资计划和预算，分析预期成效，制定保障措施，确保规划落实。

【依据 2】《国家电网公司信息通信技术管理办法》[国网(信息/3)287—2018]

第三十一条 各级信息通信运行管理部门应建立完整的管理体系和管理制度，按照国家电网公司和本地区通信主管部门制定的通信运行管理规程、管理办法、实施细则等开展技术监督工作。

【依据 3】《国家电网公司电力二次系统安全防护管理规定》[国网(调/4)337—2014]

第十二条 各单位在进行电力二次系统新建、改造工作的设计阶段，应同步开展电力二次系统安全防护方案设计，方案设计应符合电力二次系统安全防护总体方案的要求。

(一)在电力二次系统新建、改造工作前期，应由建设单位或其上级主管单位组织进行安全防护方案分析和论证。

(二)在电力二次系统新建、改造工作的初步设计阶段，应确定电力二次系统的安全防护等级，形成安全防护设计方案。

第十三条 各级调度机构电力二次系统安全防护方案应经上级调度机构审查批准后方可实施；新建、改造变电站或发电企业输变电部分二次系统安全防护方案应经对其有调度管辖权的调度机构审查批准后方可实施。

查证及评价方法

查阅各单位电力监控专业、互联网专业有关网络安全工作整体策略和总体方案，应当包括网络架构、系统介绍、安全防护情况等内容，当网络结构、信息系统、安全防护情况发生改变时应当及时更新相关方案或策略等。

未制定本单位网络安全工作的整体策略和总体方案，扣 10 分。该部分内容通常检查范围为省互联网部、调控中心、省信通公司、地市公司，直属单位和县公司可参考相关上级单位防护策略及方案。

1.2.2　规章制度完整性

评分标准

1）各单位应定期公布现行有效的网络安全规程制度清单。

2）各单位应制定信息、通信、电力监控系统的运行、检修管理制度，上下线管理制度，机房管理制度，网管系统运行管理制度，安全操作规程等。

评价依据

【依据1】《国家电网公司安全工作规定》［国网（安监/2）406—2014］

第二十六条　公司所属各级单位应严格贯彻公司颁发的制度标准及其他规范性文件。

第二十七条　公司各级单位应建立健全保障安全的各项规程制度。

第二十九条　省公司级单位应定期公布现行有效的规程制度清单；地市公司级单位、县公司级单位应每年至少一次对安全法律法规、标准规范、规章制度、操作规程的执行情况进行检查评估，公布一次本单位现行有效的现场规程制度清单，并按清单配齐各岗位有关的规程制度。

【依据2】《国家电网公司信息通信工作管理规定》［国网（信息/1）399—2014］

第五十条　公司总部负责统一建立信息通信管理制度，统一修订完善公司管理制度，并监督检查执行情况。各级单位严格执行公司信息通信有关规章制度。

【依据3】《国家电网公司网络与信息系统安全管理办法》［国网（信息/2）401—2018］

第三十七条　各业务部门、公司各单位应妥善管理网络安全技术资料，包括实施方案、安全防护方案、网络拓扑图、测试评估报告、配置文件、故障处理记录等，做好技术资料的保密工作。

【依据4】《国家电网公司电力二次系统安全防护管理规定》［国网（调/4）337—2014］

第六条　各级电力调度机构应履行以下职责：

（一）贯彻执行国家、电力行业和上级颁发的电力二次系统安全防护有关规程、规定、标准和导则等文件。

查证及评价方法

查阅各单位收集整理的相关法律法规、规程、制度文档及定期更新发布的现行有效的法律法规及制度清单。

未发布清单，扣5分；对照清单，规章制度每缺少一项扣2分。由于相关法律法规及规章制度较多，通常情况下专家会重点查阅近年发布的安全相关法律法规、信息通信及电力监控专业相关制度，如制度要求制定细则等，专家也需查单各单位落实情况。制度清单可为全口径清单，内容包括安全管理、信息通信及电力监控专业等即可。

1.2.3 安全工作规程

评分标准

1）各单位应定期开展《国家电网公司电力安全工作规程（信息部分）（试行）》《国家电网公司电力安全工作规程（电力通信部分）（试行）》《国家电网公司电力安全工作规程（电力监控部分）（试行）》宣贯培训、考试工作。

2）各单位应认真执行《国家电网公司电力安全工作规程（信息部分）（试行）》《国家电网公司电力安全工作规程（电力通信部分）（试行）》《国家电网公司电力安全工作规程（电力监控部分）（试行）》。

评价依据

【依据1】《国家电网公司安全工作规定》[国网（安监/2）406—2014]

第四十五条 安全法律法规、规章制度、规程规范的定期考试：

（四）地市公司级单位、县公司级单位每年至少组织一次对班组人员的安全规章制度、规程规范考试。

第四十六条 公司所属各级单位应每年对生产人员的安全考试进行抽考、调考，并对抽考、调考情况进行通报。

第四十七条 地市公司级单位、县公司级单位每年应对工作票签发人、工作负责人、工作许可人进行培训，经考试合格后，书面公布有资格担任工作票签发人、工作负责人、工作许可人的人员名单。

【依据2】《国家电网公司电力安全工作规程（信息部分）（试行）》

2.1.2 作业人员应具备必要的信息专业知识，掌握信息专业工作技能，且按工作性质，熟悉本规程的相关部分，并经考试合格。

2.1.3 作业人员对本规程应每年考试一次。因故间断信息工作连续六个月以上者，应重新学习本规程，并经考试合格后，方可恢复工作。

2.1.4 参与公司信息工作的外来作业人员应熟悉本规程，经考试合格，并经信息运维单位（部门）认可后，方可参加工作。

2.1.5 新参加工作的人员、实习人员和临时参加工作的人员（管理人员、非全日制用工等）应经过信息安全知识教育后，方可参加指定的工作。

【依据3】《国家电网公司电力安全工作规程（电力通信部分）（试行）》

2.1.2 作业人员应具备必要的电力通信专业知识，掌握电力通信专业工作技能，且按工作性质，熟悉本规程的相关部分，并经考试合格。

2.1.3 作业人员对本规程应每年考试一次。因故间断电力通信工作连续六个月以上者，应重新学习本规程，并经考试合格后，方可恢复工作。

2.1.4 参与公司系统所承担通信工作的外来作业人员应熟悉本规程，经考试合格，并经电力通信运维单位（部门）认可后，方可参加工作。

2.1.5 新参加工作的人员、实习人员和临时参加工作的人员（管理人员、非全日制用工等）应经过电力通信安全知识教育后，方可参加指定的工作。

【依据4】《国家电网公司电力安全工作规程（电力监控部分）（试行）》

2.1.2 作业人员应具备必要的电力监控系统专业知识，掌握电力监控系统专业工作技能，按工作性质，熟悉本规程，并经考试合格。

2.1.3 作业人员对本规程应每年考试一次。因故间断电力监控系统工作连续六个月以上者，应重新学习本规程，并经考试合格后，方可恢复工作。

2.1.4 参与公司系统所承担电力监控系统工作的外来作业人员应熟悉本规程，经考试合格，并经电力监控系统运维单位（部门）认可后，方可参加工作。

2.1.5 新参加工作的人员、实习人员和临时参加工作的人员（管理人员、非全日制用工等），应经过电力监控系统安全知识教育后，方可参加指定的工作。

查证及评价方法

查阅各单位《国家电网公司电力安全工作 规程（信息、电力通信、电力监控部分）》培训、考试、执行情况，重点查看“三种人”培训考试情况，人员名单发布文件。

未按要求培训考试、未发布“三种人”名单，扣10分；未按要求填写工作票，工作票内工作内容、工作地点、安全措施填写不规范等，发现一次扣2分。

1.3 安全管理

1.3.1 安全分析会

评分标准

各单位应每月召开信息通信安全生产分析会，及时研究解决安全生产中存在的问题，会议记录齐全。

评价依据

【依据】《国家电网公司安全工作规定》[国网（安监/2）406—2014]

第十三条 公司各级单位行政正职安全工作的基本职责：

（一）建立、健全本单位安全责任制；

（二）批阅上级有关安全的重要文件并组织落实，及时协调和解决各部门在贯彻落实中出现的问题；

（三）全面了解安全情况，定期听取安全监督管理机构的汇报，主持召开安全生产委员会议和安全生产月度例会，组织研究解决安全工作中出现的重大问题。

查证及评价方法

查阅一年内会议资料。

每缺一次扣5分，通常情况下各单位都会按周、月、季度、年度为周期召开安全生产例会、分析会等，会议内容包含信息通信、电力监控安全生产工作内容即可，但如遇到信息通信、电力监控重大安全事件发生时，应当召开专项会议。

1.3.2 安全检查

评分标准

1）各级信息通信管理机构应在春、秋季安全检查及重大活动保电等工作中组织开展信息通信安全检查。

2）在安全检查中应利用安全检查表或安全评价表并根据检查表开展检查工作。

3）各单位应对检查发现的问题认真组织整改。

评价依据

【依据1】《国家电网公司安全工作规定》[国网(安监/2)406—2014]

第五十七条 安全检查。公司各级单位应定期和不定期进行安全检查，组织进行春季、秋季等季节性安全检查，组织开展各类专项安全检查。

安全检查前应编制检查提纲或“安全检查表”，经分管领导审批后执行。对查出的问题要制定整改计划并监督落实。

【依据2】《国家电网公司信息通信工作管理规定》[国网(信息)399—2014]

第四十六条 及时开展信息通信事件分析，提出整改措施，建立信息通信案例库。

【依据3】《国家电网公司信息通信系统春(秋)季安全生产检查规范2018版》(信通运行〔2018〕24号)

四、检查组织

自查阶段，在自查完成后形成自查报告，其中信息与通信隐患情况单独成章分别说明。由公司各信息通信部门及单位的督导领导对自查报告、整改方案、整改计划进行签字确认，具备整改条件的隐患需在迎峰度夏(冬)前完成整改，不具备整改条件的隐患，做好临时防护措施，并制定整改计划。

督查及总结阶段，督查排查出的缺陷隐患是否逐条登记建档，逐条研究整改方案；督查记录的信息通信缺陷隐患整改责任、整改措施、整改资金、整改期限，改预案落实情况；督查信息通信缺陷隐患整治计划制定是否合理、及时，重大信息通信缺陷隐患是否编制整改方案；督查每年春(秋)检自查、检查发现的缺陷隐患治理情况；现场督查重要信息通信缺陷隐患整治是否到位，措施是否有力；督查信息通信缺陷隐患整治完成后是否组织并通过验收等。

查证及评价方法

查阅春秋检、重要专项检查相关资料，不限于工作方案、总结、隐患清单等内容。

未开展安全检查本项不得分；未利用安全检查表或安全评价表开展检查扣5分；未及时整改，发现一处扣2分。部分专项检查没有检查表，各单位应按照上级单位下发的检查要求开展工作并完成相关总结及隐患清单等内容。

1.3.3 隐患排查治理

评分标准

应定期对信息通信及电力监控进行隐患排查，及时组织分析、提出整改措施并落实。

评价依据

【依据1】《国家电网公司安全隐患排查治理管理办法》[国网（安监/3）481—2014]

第二十三条 隐患排查治理应纳入日常工作中，按照“排查（发现）–评估报告–治理（控制）–验收销号”的流程形成闭环管理。

第二十四条 安全隐患排查（发现）包括：

各级单位、各专业应采取技术、管理措施，结合常规工作、专项工作和监督检查工作排查、发现安全隐患，明确排查的范围和方式方法，专项工作还应制定排查方案。

第二十六条 安全隐患治理（控制）包括：

安全隐患一经确定，隐患所在单位应立即采取防止隐患发展的控制措施，防止事故发生，同时根据隐患具体情况和急迫程度，及时制定治理方案或措施，抓好隐患整改，按计划消除隐患，防范安全风险。

【依据2】《国网信通部信息通信隐患排查治理管理规范（试行）及信息通信典型隐患知识库》（信通运行〔2015〕123号）

《国家电网公司信息通信隐患排查治理管理规范（试行）》

第十三条 隐患排查治理按照“排查（发现）–评估（报告）–治理（控制）–验收销号”的流程实施闭环管理。

第十四条 隐患排查（发现）环节管理要求：各级单位信息通信运维单位结合日常巡视、在线监测、状态评估、信息通信安全性评价、安全检查、专项隐患排查、检修预试、季节性（节假日）检查、风险辨识、已发生事故、异常、违章的原因分析等工作，发现异常情况并确认是否为隐患。

第十六条 隐患治理（控制）环节管理要求：

（一）隐患一经确认，隐患所在单位应立即采取控制措施，防止事故发生，同时根据隐患具体情况和紧迫程度，及时制定治理方案或措施，按计划完成隐患治理。

【依据3】《国家电网公司电力调度自动化系统运行管理规定》[国网（调/4）335—2014]

第二十一条 缺陷管理要求如下：

（一）运行中的调度自动化系统和设备出现异常情况均列为缺陷，根据威胁安全的程度，分为紧急缺陷、重要缺陷和一般缺陷；

（二）缺陷处理时间要求：紧急缺陷4小时内处理；重要缺陷24小时内处理；一般缺陷2周内消除；

（三）紧急缺陷、重要缺陷的处理按照故障抢修流程开展，一般缺陷的处理按照计划检修或临时检修流程开展；

（四）缺陷未消除前，运行维护部门应加强检查，监视设备缺陷的发展趋势。紧急缺陷、重要缺陷因故不能按规定期限消缺，应及时向相关调度机构汇报；

（五）缺陷发生和处理过程中，运行维护部门应按照有关管理规定履行汇报职责。缺陷消除后，运行维护部门应做好设备缺陷记录，自动化管理部门应组织相关单位、部门进行消缺验收；

（六）自动化管理部门负责对缺陷处理工作的及时性、正确性进行考核评价。

查证及评价方法

检查隐患排查治理月报。

未组织隐患排查治理不得分；整改措施未落实，发现一处扣3分。目前隐患排查治理月报已经暂停，查阅该部分内容，可结合各单位春秋检、专项隐患排查等工作编制的隐患清单，并查阅隐患整改措施及时间是否合理。

1.3.4 安全通报

评分标准

1）对上级有关安全文件、事故快报、事故通报，应及时转发并组织学习。

2）各单位应针对各类安全检查中发现的重大问题隐患或本单位安全运行事件，及时下发通报并督促整改。

评价依据

【依据】《国家电网公司安全工作规定》［国网（安监/2）406—2014］

第十三条 （二）批阅上级有关安全的重要文件并组织落实，及时协调和解决各部门在贯彻落实中出现的问题。

第二十一条 （一）贯彻执行国家和上级单位有关规定及工作部署，组织制定本单位安全监督管理和应急管理方面的规章制度，牵头并督促其他职能部门开展安全性评价、隐患排查治理、安全检查和安全风险管控等工作，积极探索和推广科学、先进的安全管理方式和技术。

第二十六条 公司所属各级单位应严格贯彻公司颁发的制度标准及其他规范性文件。

第五十九条 反违章工作。公司各级单位应建立预防违章和查处违章的工作机制，开展违章自查、互查和稽查，采用违章曝光和违章记分等手段，加大反违章力度。定期通报反违章情况，对违章现象进行点评和分析。

查证及评价方法

查阅上级单位下发的各重要类安全文件（如各级领导安全生产讲话、国网公司年度安全生产意见及工作清单等）、事故通报、快报等资料，原则上应在两周之内完成转发及学习。

未及时转发、学习，发现一处扣 2 分；未对本单位有关情况进行通报的，发现一次扣 2 分。如未按要求开展专题安全日学习，专家可适当加大扣分力度。

1.4 教育培训

1.4.1 安全培训

评分标准

1）各单位信息、通信管理、运行等部门负责人、信息安全管理员、系统管理员、数据库管理员、通 信网络管理员、信息网络管理员、安全监督员等关键岗位员工在上岗前应经过网络安全培训。

2）对外来工作人员进行本单位网络安全政策和管理要求的宣传教育。

3）生产厂家或外聘人员上岗前，应经过网络安全和安全生产规程培训，考试合格后方可上岗。

评分依据

【依据 1】《国家电网公司安全工作规定》［国网（安监 /2）406—2014］

第四十条 新入单位的人员（含实习、代培人员），应进行安全教育培训，经《电力安全工作规程》考试合格后方可进入生产现场工作。

第四十一条 新上岗生产人员应当经过下列培训，并经考试合格后上岗。

第四十二条 在岗生产人员的培训：（一）至（九）。

第四十三条 外来工作人员必须经过安全知识和安全规程的培训，并经考试合格后方可上岗。

第四十七条 地市公司级单位、县公司级单位每年应对工作票签发人、工作负责人、工作许可人进行培训，经考试合格后，书面公布有资格担任工作票签发人、工作负责人、工作许可人的人员名单。

【依据 2】《国家电网公司安全生产反违章工作管理办法》[国网（安监/3）156—2014]

第十五条 健全安全培训机制。分层级、分专业、分工种开展安全规章制度、安全技能知识、安全监督管理等培训，从安全素质和技能培训上提高各级人员辨识违章、纠正违章和防止违章的能力。

【依据 3】《国家电网公司网络与信息系统安全管理办法》[国网（信息/2）401—2018]

第十八条 加强员工信息安全管理，严格人员录用过程，与关键岗位员工签订保密协议，明确信息安全保密的内容和职责；切实加强员工信息安全培训工作，提高全员安全意识；及时终止离岗员工的所有访问权限。

对承担公司核心信息系统规划、研发、运维管理等关键岗位人员开展安全培训和考核，对系统运维关键岗位建立持证上岗制度，明确持证上岗要求。对关键岗位人员进行安全技能考核。将信息安全技能考核内容纳入公司安规考试。

查证及评价方法

查阅信息通信相关安全宣贯资料和记录。

关键岗位员工上岗前未经过网络与信息安全培训（缺少相关培训证明），发现一处扣 2 分；对外来工作人员，无相关宣传教育材料，扣 5 分；每发现一人不符合要求者不得分。

1.4.2 网络安全责任书、承诺书

评分标准

1）各单位应每年与上级单位签订《网络安全责任书》，每年应与全员签订《网络安全承诺书》，加强红蓝队规范化建设与管理。

2）各单位应与提供网络安全相关服务的第三方签署保密协议和《网络安全责任书》，并与其相关人员签署保密协议和《网络安全承诺书》。

评价依据

【依据】《国家电网公司网络与信息系统安全管理办法》[国网（信息/2）401—2018]

第二十九条 公司各单位应加强本单位网络安全管理，每年与上级单位签订《网络安全责任书》。

（二）每年应组织网络安全岗位人员进行专业培训和认证考查；每年应组织开展全员网络安全知识培训和宣贯，每年应与全员签订《网络安全承诺书》。加强红蓝队规范化建设与管理。

第三十条 第三方单位在为公司提供系统规划建设、网络安全运维、咨询服务等业务前，应对其资质、背景和业务情况进行核查，应与其签署保密协议和《网络安全责任书》，并与其相关人员签署保密协议和《网络安全承诺书》。

查证及评价方法

查阅网络安全责任书、承诺书。

未按要求签订网络安全责任书、承诺书的，发现一次扣2分。红蓝队管理制度缺失，发现一次扣2分。网络安全责任书、承诺书应查阅各级各单位；红蓝队管理制度部分，重点查阅省信通公司、电科院等相关单位。

1.5 事件调查与考核评价

1.5.1 事件调查处置

评分标准

各单位应对网络安全事件或信息通信运行异常等情况，开展调查、处置和通报等工作。

评价依据

【依据1】《国家电网公司安全工作规定》[国网（安监/2）406—2014]

第七十六条 公司各级单位发生安全事故后，应严格依据国家、行业和公司的有关规定，及时、准确、完整报告事故情况，任何单位和个人对事故不得迟报、漏报、谎报或者瞒报。

事故发生单位应按照相关规定做好事故资料的收集、整理、信息统计和存档工作，并按时向上级相关单位提交事故报告（报表）。

【依据2】《国网电网公司安全事故调查规程》（国家电网安质〔2016〕1033号）

5.1.1 公司系统各单位根据事故等级的不同组织调查，并按要求填写事故调查报告书。上级管理单位可根据情况派员督查。

5.2.4.1 事故调查组在事故调查的基础上，分析并明确事故发生、扩大的直接原因和间接原因。必要时，事故调查组可委托专业技术部门进行相关计算、试验、分析。

5.2.5 提出防范措施

事故调查组应根据事故发生、扩大的原因和责任分析，提出防止同类事故发生、扩大的组织（管理）措施和技术措施。

5.3.2.1 下列事故应由调查组填写事故调查报告书：

（1）人身死亡、重伤事故，填写《人身事故调查报告书》；

（2）五级以上电网事故填写《电网事故调查报告书》；

（3）五级以上设备事故填写《设备事故调查报告书》；

（4）六级以上信息系统事件填写《信息系统事件调查报告书》；

（5）其他由国家电网公司、省电力公司、国家电网公司直属公司根据事故性质及影响程度指定填写的。

5.3.2.2 事故调查报告书由事故调查的组织单位以文件形式在事故发生后的30日内报送。特殊情况下，经上级管理单位同意可延至60日。

5.3.3 事故调查结案后，事故调查的组织单位应将有关资料归档，资料必须完整，根据情况应有：

（1）人身、电网、设备、信息系统事故报告；

（2）事故调查报告书、事故处理报告书及批复文件；

（3）现场调查笔录、图纸、仪器表计打印记录、资料、照片、录像（视频）、操作记录、配置文件、日志等；

（4）技术鉴定和试验报告；

（5）物证、人证材料；

（6）直接和间接经济损失材料；

（7）事故责任者的自述材料；

（8）医疗部门对伤亡人员的诊断书；

（9）发生事故时的工艺条件、操作情况和设计资料；

（10）处分决定和受处分人的检查材料；

（11）有关事故的通报、简报及成立调查组的有关文件；

（12）事故调查组的人员名单，内容包括姓名、职务、职称、单位等。

查证及评价方法

查阅相关记录和资料。

及时开展调查、处置和通报等工作，发现一处扣5分。如果被检单位未发生事故事件，该项可申请满分。

1.5.2 考核评价

评分标准

各单位应建立网络安全评价和考核机制，制定网络安全评价标准和评价方法，将网络安全纳入公司安全生产考核，同时纳入企业负责人业绩考核。

评价依据

【依据1】《国家电网公司安全工作规定》[国网（安监/2）406—2014]

第十六条 公司各级单位实行上级单位对下级单位的安全责任追究制度，包括对责任人和责任单位领导的责任追究。在公司各级单位内部考核上，上级单位为下级单位承担连带责任。

第一百〇四条 国家电网公司安全工作实行安全目标管理和以责论处的奖惩制度。安全奖惩坚持精神奖励与物质奖励相结合、惩罚和教育相结合的原则。

第一百〇七条 公司实行安全事故“说清楚”制度，发生事故的单位应在限定时间内向上级单位说清楚。

【依据2】《国家电网公司安全工作奖惩规定》[国网（安监/3）480—2015]

第一条 为规范和加强国家电网公司（以下简称“公司”）安全监督管理工作，建立健全安全激励约束机制，落实各级人员安全责任，严格执行事故责任追究和考核，在安全工作中做到奖惩分明，依据《中华人民共和国安全生产法》、《生产安全事故报告和调查处理条例》（国务院令第493号）、《电力安全事故应急处置和调查处理条例》（国务院令第599号）、《国家电网公司员工奖惩规定》（国家电网企管〔2014〕1553号）等法规制度，制定本规定。

【依据3】《国家电网公司网络与信息系统安全管理办法》[国网(信息/2)401—2018]

第四十条 加强公司网络安全监督检查

(一)建立网络安全监督检查体系。以公司安全生产工作规程、安全事故调查规程为准则，将网络与信息系统纳入公司安全监督检查范围，将网络安全纳入生产安全范畴；

(二)建立健全网络安全监督检查工作机制，开展年度、专项和日常监督检查工作；加强网络安全监督检查队伍建设和技术支撑，不断提升监督检查工作水平。

第四十二条 针对网络安全事件，开展事件调查、处置和通报等工作。

第四十三条 建立网络安全评价和考核机制，制定网络安全评价标准和评价方法，将网络安全纳入公司安全生产考核，同时纳入企业负责人业绩考核。

二、查证及评价方法

查阅相关记录和资料。

未建立网络安全评价和考核机制，此项不得分；未制定网络安全评价标准和方法的，发现一次扣5分。该部分内容重点查看省安监、互联网、电力监控专业部门工作要求，各下级单位可参照执行。

2 建设管理

建设管理主要包括设计阶段信息通信安全管理、开发阶段信息安全管理、系统上下线与设备接入管理、等级保护测评、通信安全监理与现场安全管控等共计五部分 14 项查评内容，查评分共计 200 分。其中设计阶段信息通信安全管理包括信息系统设计安全和通信系统设计安全 2 项内容；开发阶段信息安全管理包括厂商选择、产品采购，使用、开发管理和建设单位管理 4 项内容；系统上下线与设备接入管理包括试运行申请、新设备接入管理、试运行测试、试运行与验收和系统下线 5 项内容；等级保护测评包括定级与备案 1 项内容；通信安全监理与现场安全管控包括通信安全监理和施工现场安全管控 2 项内容。

2.1 设计阶段信息、通信安全管理

2.1.1 信息系统的设计安全

评分标准

1）信息系统设计方案中应对系统的安全功能进行设计，安全防护方案应经过专家评审。

2）系统建设过程中应实现设计方案中提出的安全功能。

评价依据

【依据 1】《国家电网公司网络与信息系统安全管理办法》[国网（信息 /2）401—2018]

第四章　第十三条　在网络与信息系统设计阶段，应编制专项网络安全防护方案，并报送网络安全归口管理部门组织审查。

【依据 2】《国家电网公司信息系统设计管理细则》[国网（信息 /4）849—2017]

第二十二条　详细设计评审须对技术政策与架构遵从性进行分析，对详细设计与需求及概要设计的差异性进行评估，对设计方案完整性、一致性、正确性、描述清晰性、功能、性能、接口、可靠性、可测试性、可维护性及安全性等方面进行审查，出具评审意见。

查证及评价方法

查阅信息通信系统设计相关资料和文件，抽查已建系统是否实现了设计方案中提出的安全功能。

信息通信系统设计方案中无安全功能设计相关资料扣 5 分；有方案和文件，抽查已建系统是否实现了但未经过专家评审扣 3 分；已建系统而未实现设计方案中提出的安全功能，扣 5 分；实的安全功能。现部分功能，扣 2 分。

2.1.2 通信系统设计安全

评分标准

1）通信工程项目设计方案应符合通信规划及通信安全技术标准要求，涉及网络安全的，项目建设单位应按照设计方案开展安全防护建设。

2）采用冗余技术设计网络拓扑结构，包括主要网络设备、通信线路和数据处理系统，避免关键节点存在单点故障。

评价依据

【依据 1】《国家电网有限公司十八项电网重大反事故措施（修订版）》（国家电网设备〔2018〕979 号）

16.3.1.7 电网调度机构与直调发电厂及重要变电站调度自动化实时业务信息的传输应具有两条不同路由的通信通道（主 / 备双通道）。

【依据 2】《国家电网公司通信安全管理办法》[国网（信息 /3）427—2014]

第十一条 通信工程项目设计方案应符合通信规划及通信安全技术标准要求，项目建设单位应按照设计方案开展安全防护建设。

第十七条 （三）应采用冗余技术设计网络拓扑结构，避免关键节点存在单点故障；（四）应提供主要网络设备、通信线路和数据处理系统的硬件冗余，保证系统的高可用性。

查证及评价方法

查阅项目设计方案，安全防护方案，实际网络拓扑结构图等相关资料。

未编制安全防护方案，扣 10 分，编制方案但未实现安全防护，扣 5 分；实现部分，扣 2 分；主要网络设备、通信线路和数据处理系统发现一处未采用冗余设计，扣 5 分。

2.2 开发阶段安全管理

2.2.1 厂商选择

评分标准

1）确保厂商的选择符合国家的有关规定。

2）与选定的厂商签订与安全相关的协议，明确约定相关责任。

3）与厂家签署安全责任合同书或保密协议。

4）确保选定的厂商提供技术培训和服务承诺，必要的与其签订服务合同。

评价依据

【依据】《国家电网公司管理信息系统安全等级保护验收规范》（Q/GDW 595—2011）

5.11 厂商选择

确保厂商的选择符合国家的有关规定；

与选定的厂商签订与安全相关的协议，明确约定相关责任；

与厂家签署安全责任合同书或保密协议；

确保选定的厂商提供技术培训和服务承诺，必要的与其签订服务合同。

查证及评价方法

查阅厂商资质资料、签订合同、安全责任书和保密协议书。

选择不符合国家有关规定的厂商不得分；未签订安全责任书，每发现一个，扣2分；未签订保密协议，每发现一个，扣2分；未签订服务合同或未注明服务承诺，扣2分。

2.2.2 产品采购和使用

评分标准

1）对主机操作系统、数据库系统，要对其出厂报告和测试报告进行审核，保证参数指标符合要求。

2）确保采购和集成中的安全设备和密码设备都通过了国家、公司相关机构的测评、认证。

3）网络产品、服务应符合相关国家标准的强制要求，应对网络产品和服务的安全性、可控性进行审查，应与提供者签订安全保密协议，明确安全保密义务与责任，网络产品、服务的提供者不得设置恶意程序或代码。

评价依据

【依据 1】《中华人民共和国网络安全法》

【依据 2】《国家电网公司网络与信息系统安全管理办法》[国网（信息 /2）401—2018]

第四章　第十五条　网络产品、服务应符合相关国家标准的强制要求，网络产品、服务的提供者不得设置恶意程序或代码。

第九章　第三十六条　条应对网络产品和服务的安全性、可控性进行审查。采购网络产品和服务，应与提供者签订安全保密协议，明确安全保密义务与责任。

查证及评价方法

查阅相关系统集成资料和文件。

采购和集成中的安全设备或密码设备未通过国家、公司相关机构的测评、认证，扣3分；无厂家针对其提供的系统或设备提供的出厂报告、测试报告及信息安全方面的技术服务相关资料，扣4分；未与网络产品和服务提供者签订安全保密协议，明确安全保密义务与责任的，扣2分。

2.2.3　开发管理

评分标准

1）在与开发单位签订的协议中，应明确知识产权的归属和安全方面的要求。

2）在开发过程中应同步开展代码安全检查和安全测试工作，在开发完成后，应对系统进行源代码缺陷测试、安全功能测试和渗透测试，并保留完整的测试记录；要求开发单位提供软件设计的相关文档和使用指南。

3）开发环境与实际运行环境应做到物理分离。

4）系统开发文档由专人负责保管，文档使用应受到控制。

5）制定开发方面的管理制度，以明确说明开发过程的控制方法和人员行为准则。

评价依据

【依据 1】《国家电网公司信息化建设管理办法》[国网(信息 /2)118—2018]

第五十四条 项目开发管理工作内容主要包括:

(一)项目开发主要包括程序开发、内部测试、用户确认测试、第三方测试等;

(二)信息化项目的开发应严格遵循评审通过的设计方案,并符合软件工程有关规范。如有重大变动应履行设计变更程序。

【依据 2】《国家电网公司信息系统研发与实施管理办法》[国网(信息 /3)435—2017]

第三十三条 信息系统开发应严格遵循公司信息系统研发相关的技术政策和技术路线及设计中明确规定的要求,并符合信息系统研发安全体系的相关要求。

第三十七条 信息系统应通过第三方测试机构的测试后,方能部署实施。第三方测试的内容至少包括功能测试、性能测试和安全测试。

查证及评价方法

查阅软件开发相关资料和文件。

未与开发单位签订的协议明确知识产权归属和安全方面要求,扣 4 分;无测试记录、设计的相关文档的,每缺少一项,扣 4 分;开发环境与实际运行环境未进行物理分离的,扣 4 分;系统开发文档未指定专人负责保管扣 4 分;无系统开发有关管理规定,扣 4 分。

2.2.4 建设单位管理

评分标准

1)严格遵循开发管理要求,制订完善的管理机制,确保开发全过程信息安全。

2)核心研发环境中计算机 USB 口原则上应封存。对确需开放 USB 口的,应加强安全管理措施,确保交互内容有审批、可审计、可追溯。

3)制定人员安全保密管理规定,签署全员保密协议,明确研发各环节人员安全访问权限,推进研发人员安全开发培训及资格认定工作。

4)开展核心人员的安全专业技能培训及资质认定,从事研发核心岗位(产品经理、项目经理、开发经理等)工作必须取得相应安全技能资质。

5)对程序资源库的修改、更新、发布应经过授权和批准。

评价依据

【依据1】《国家电网公司网络与信息系统安全管理办法》[国网（信息/2）401—2018]

第三十条 第三方单位在为公司提供系统规划建设、网络安全运维、咨询服务等业务前，应对其资质、背景和业务情况进行核查，应与其签署保密协议和《网络安全责任书》，并与其相关人员签署保密协议和《网络安全承诺书》。

【依据2】《国家电网公司信息系统研发与实施管理办法》[国网（信息/3）435—2017]

第三十三条 信息系统开发应严格遵循公司信息系统研发相关的技术政策和技术路线及设计中明确规定的要求，并符合信息系统研发安全体系的相关要求。

【依据3】《国家电网公司信息系统研发安全管理细则》（国家电网信通〔2013〕740号）

第二十条 开发阶段

开发环境管理：设计研发单位应严格遵循开发管理要求，制订完善的管理机制，确保开发全过程信息安全。开发环境及测试环境应与实际运行环境及办公环境安全隔离，同时测试环境禁止使用生产数据。核心研发环境中计算机USB口原则上应封存。对确需开放USB口，应加强安全管理措施，确保交互内容有审批、可审计、可追溯。加快采用桌面云终端技术确保开发过程的安全与保密。

第二十七条 研发人员安全管理

（一）加强研发人员安全保密管理，签署全员保密协议，明确研发各环节人员安全访问权限，推进研发人员安全开发培训及资格认定工作；

（二）加强研发人员的安全基础培训及考试工作，考试合格情况应作为其从事公司研发工作的必备条件之一；

（三）加强研发核心人员的安全专业技能培训及资质认定工作，从事研发核心岗位（产品经理、项目经理、开发经理等）工作必须取得相应安全技能资质。

查证及评价方法

查阅相关管理制度及开发人员的安全技能资质。

无开发管理制度，扣4分；无开发过程中的相关文档，每少一项，扣4分；未与全员签署保密协议，每少一个，扣4分；核心人员的安全专业技能资质每少一个，扣4分；对程序资源库的修改、更新、发布未经过授权和批准，扣4分。

2.3 系统上、下线与设备接入管理

2.3.1 试运行申请

评分标准

1）系统承建单位负责依次向业务主管部门、运行维护单位、信息化管理部门提交审核、审批。

2）系统建设开发单位配合运行维护单位制定详细的上线试运行实施计划、系统备份方案、监控方案、安全策略配置方案、应急预案和移交计划等。对公司核心应用系统需提供快速恢复系统的部署方案。

3）信息系统建设单位应向运维单位（部门）移交所掌握的账号与权限。按照最小权限原则为信息系统运维人员分配账号，确保不同角色的权限分离。

4）内网移动作业类应用使用专控移动终端作为载体，通过内网安全接入平台接入公司信息内网，客户端须在内网员工移动作业门户上架；外网移动协作类应由公司统一权限系统进行身份认证，通过外网安全交互平台接入公司信息外网，客户端须在外网员工移动应用门户（企信）上架；互联网移动服务类应通过外网安全交互平台接入公司信息外网，客户端在互联网客户移动应用门户（电力一点通）上架。

5）公司各单位信息化职能管理部门在系统进入试运行以前，应明确信息系统运行维护责任，需印发相关责任划分文件，并形成责任备案表。

评价依据

【依据】《国家电网公司信息系统建转运实施细则》[国网（信息/4）261—2018]

第二十九条 （二）系统承建单位负责排查系统账号权限，提交账号权限清理方案，业务主管部门审批通过后，由系统运检机构监督完成废旧账号和权限的清理；系统承建单位承担由账号权限排查疏漏或账号权限变更导致的运行风险责任，并及时完成消缺工作。

第三十一条 项目建设单位负责组织系统承建单位、运行维护单位（部门）完成运维交底工作。运维交底工作内容与要求：

（一）移交的文档包括需求规格说明书、概要设计、运维方案、用户手册、应急预案、系统安装部署方案、运维责任备案表、安全防护方案及评审意见等，其中系统安装部署方案中应包括与其他信息系统的交互需求和操作方案。

（二）系统承建单位应按照培训方案认真组织用户培训（具体由业务主管部门组织

业务人员参加）、运维培训（具体由调控、运检、客服机构组织运维人员参加），同步完成培训课件上传至网络大学，培训结果应由业务主管部门和运行维护单位（部门）书面确认，培训结束后，运行维护单位（部门）与承建单位应组织运维人员参与考试，考试合格后，培训完成。

（三）一级部署或集中部署系统，运维及客服交底对象应包含所有使用单位，并最终形成书面联合确认。承建单位要确保在上线试运行前完成运维交底工作。

第三十三条 针对移动应用类系统，第三方测试应包含所有适用平台（包含苹果与安卓），并形成独立测试报告；内网移动作业类应用使用专控移动终端作为载体，通过内网安全接入平台接入公司信息内网，客户端须在内网员工移动作业门户上架；外网移动协作类应由公司统一权限系统进行身份认证，通过外网安全交互平台接入公司信息外网，客户端须在外网员工移动应用门户（企信）上架；互联网移动服务类应通过外网安全交互平台接入公司信息外网，客户端在互联网客户移动应用门户（电力一点通）上架。

第三十四条 公司各单位信息化职能管理部门在系统进入试运行以前，应明确信息系统运行维护责任，需印发相关责任划分文件，并形成责任备案表。

第三十五条 项目建设单位组织系统承建单位完成运维交底、客服交底、软件著作权移交、三线技术支持服务确认、I6000 监控接入等工作后，填写《国家电网公司信息系统上线试运行申请单》，依次向业务主管部门、系统运检机构提交审核，通过后报信息化职能管理部门审批。审批通过后，承建单位需严格按计划执行，若因特殊情况需延期应由项目建设单位向信息化职能管理部门提出申请；逾期 14 个工作日及以上未执行且未提出延期申请的，上线试运行申请作废需重新提交申请。

查证及评价方法

查阅系统上线试运行申请单、测试报告、上线试运行实施计划等相关文档。

无系统上线试运行申请单，扣 5 分；无上线试运行相关计划、方案，每少一项，扣 2 分；信息系统建设单位未向运维单位（部门）移交所掌握的账号与权限，扣 5 分；信息系统运维人员未按照最小权限原则分配账号，每发现一个扣 2 分；内网移动作业类应用未通过内网安全接入平台接入公司信息内网，扣 5 分，未使用专控移动终端作为载体，扣 3 分，客户端未在内网员工移动作业门户上架，扣 2 分；外网移动协作类应用未通过外网安全交互平台接入公司信息外网，扣 5 分，客户端未须在外网员工移动应用门户（企信）上架，扣 2 分；互联网移动服务类应用未通过外网安全交互平台接入公司信息外网，扣 5 分，客户端未在互联网客户移动应用门户（电力一点通）上架，扣 2 分；系统在进入试运行以前，未印发相关责任划分文件，未形成责任备案表，每发现一项扣 3 分。

2.3.2 新设备接入管理

评分标准

1）设备验收合格，质量符合安全运行要求，各项指标满足入网要求，资料档案齐全。

2）新设备接入现有通信网，应在新设备启动前 1 个月向有关通信机构移交相关资料，并于 10 天前提出投运申请。

3）并入信息通信系统的设备应配备监测系统，并能将设备运行工况、告警监测信号传送至相关信息通信机构。

4）各类网络接入公司网络前，应组织开展网络安全评审，根据其业务需求、防护等级等明确接入区域；应遵照互联网出口统一管理的要求严格控制互联网出口，禁止私建互联网专线。

5）用户办理网络接入、终端接入、信息发布和服务开通等业务，应提供真实身份信息。

评价依据

【依据 1】《国家电网公司通信运行管理办法》[国网（信息/3）491—2014]

第四十一条 新设备及并网要求是：

（一）新建、扩建和改建工程的通信设备及光缆（以下简称新设备）投运前应满足下列条件：

1. 新设备验收合格，质量符合安全运行要求，各项指标满足入网要求，资料档案齐全。

2. 运行准备就绪，包括人员培训、设备命名、相关规程和制度制定和设立等已完备。

（二）新设备接入现有通信网，项目建设单位应在新设备投运前 2 个月向有关通信运维单位移交相关资料，并于投运前 10 个工作日向对应的通信运维单位提出投运申请；

（三）通信运维单位收到资料后，应核准新设备的技术性能、安全可靠性等是否满足运行要求，应对新设备进行命名编号，并在 1 个月内通知有关单位。

【依据 2】《国家电网公司信息系统建转运实施细则》[国网（信息/4）261—2018]

第十八条 接入安全管理要求如下：

（一）应严格按照等级保护、安全基线规范以及公司网络安全总体防护方案要求控制网络、系统、设备、终端的接入；

（二）各类网络接入公司网络前，应组织开展网络安全评审，根据其业务需求、防护等级等明确接入区域；应遵照互联网出口统一管理的要求严格控制互联网出口，禁止私建互联网专线；

（三）信息内外网办公计算机接入公司网络前，应安装桌面终端管理系统、保密检测系统、防病毒等客户端软件，确保满足公司终端安全基线与计算机保密管理要求。应采用安全移动存储介质在信息内外网计算机间进行非涉密数据交换。严禁办公计算机及外设在信息内外网交叉使用；

（四）加强非集中办公区域的内网接入安全管理，严格履行审批程序，按照公司集中办公区域相关要求落实网络安全管理与技术措施，信息内网禁止使用无线网络组网；

（五）加强用户真实身份准入管理。为用户办理网络接入、终端接入、信息发布和服务开通等业务，在与用户签订协议或确认提供服务时，应要求用户提供真实身份信息。

查证及评价方法

查阅相关资料和文件。

设备未进行验收，资料档案不齐全，发现一处，扣 2 分；无新设备或新系统接入时的审批记录，每发现一项未审批，扣 2 分；设备运行工况、告警监测信号未传送至相关信息通信机构，每发现一个，扣 1 分；各类网络接入公司网络前，未开展网络安全评审，扣 5 分，未明确接入区域，扣 5 分；发现一处私建互联网专线，扣 5 分；用户办理网络接入、终端接入、信息发布和服务开通等业务，未提供真实身份信息，每发现一处扣 2 分。

2.3.3 试运行测试

评分标准

1）系统安装调试完成后，运维单位组织承建单位开展系统上线测试。

2）通过专用测试工具对信息系统进行测试和安全评估，重点对系统的性能指标、运行监控、可靠性、可维护性、安全性等非功能需求开展测试，并形成相关记录和测试报告。

3）应通过具有信息安全测评资质的第三方安全测试机构的测试。

评价依据

【依据 1】《国家电网公司信息系统建转运实施细则》[国网（信息 /4）261—2018]

第二十条 信息系统开发实施阶段涉及的建转运工作主要包括非功能性需求管理、运维方案与系统实施方案制定、服务目录制定、账号权限清理、信息系统安全备案等。

第二十一条 非功能需求设计应包括系统性能与可靠性、应用及运行监控、网络安全与可维护性、监控接入与指标设计、快速恢复与性能调优、运维辅助工器具等，且内容应完整、合理，具备可操作性。

第三十条 系统运检机构负责在上线试运行前完成系统上线测试。

【依据 2】《国家电网公司网络与信息系统安全管理办法》[国网（信息 /2）401—2018]

第十六条 （三）信息系统上线前、重要升级前，应通过具有信息安全测评资质的第三方安全测试机构的测试。

第三十条 系统运检机构负责在上线试运行前完成系统上线测试。上线测试工作内容与要求：

（一）对照系统可研、需求、设计及实际运行需求，对系统的性能指标、运行监控、可靠性、可维护性、安全性、易用性等进行全面、逐一测试，重点关注系统高可用、快速恢复能力、灰度发布、集成接口连通性、响应能力、数据完整性、安全性等方面；

（二）对于测试过程中发现的系统缺陷、功能故障、安全漏洞与隐患，纳入公司信息系统研发单位运维安全评价项目建设单位督促系统，承建单位加强测试提高软件产品质量及时消除隐患；

（三）测试通过方可申请上线试运行，在上线测试通过前，严禁对外提供服务。

查证及评价方法

测试范围覆盖业务系统的上线运行环境。查阅上线环境安全测试报告。

无相关记录和测试报告，每少一项，扣 2 分；未提供具有信息安全测评资质的第三方安全测试机构的测试报告，扣 5 分。

2.3.4 试运行与验收

评分标准

1）运行维护单位确认上线测试通过后，结果报信息化管理部门和业务主管部门，各相关部门在系统上线试运行申请单签字确认后，方可进行上线试运行；运行维护单位（部门）需在上线试运行前，最晚不迟于试运行验收前，完成信息系统设备 I6000 录入。

2）试运行期间发现的重大缺陷和问题全部消除，一般缺陷已制定消缺计划并通过系统运检机构和业务主管部门审核后持续稳定运行 30 天。

3）系统上线试运行期间稳定运行后，系统承建单位需删除临时工作所需的账号及其他临时措施，用户使用报告和试运行总结报告。运行维护单位负责供系统上线试运行报告，建设开发单位配合。

4）系统承建单位应完成用户应用培训、运行维护培训，配合运行维护单位制定系统备份方案、系统监控方案、安全策略配置方案、应急预案等运行技术文档；按照公司保密要求，与运行维护单位（部门）签订安全保密协议。

5）系统承建单位应完成系统的全面移交，移交内容包括系统日常维护手册、系统管理员手册、系统培训手册、系统核心参数及端口配置表、系统用户及口令配置表（需含口令修改关联关系）、技术支持服务联系人及联系方式等。

6）信息化管理部门牵头组织验收，成立验收工作组（或验收委员会），成员应由业务主管部门、运行维护单位（部门）、建设管理单位相关人员组成。印发验收通知，组织专家会议，形成验收报告，出具验收意见和结论。

评价依据

【依据】《国家电网公司信息系统建转运实施细则》［国网（信息/4）261—2018］

第四十五条 运行维护单位（部门）需在上线试运行前，最晚不迟于试运行验收前，完成信息系统设备 I6000 录入，确保“账、卡、物”资产一致。

第四十六条 系统承建单位应配合运行维护单位（部门）做好上线试运行维护工作。

（一）系统承建单位应配合运行维护单位（部门）和业务主管部门完善应急预案，并配合开展应急演练。

（二）系统承建单位应对系统上线试运行期间的问题、缺陷及隐患进行分类、汇总、分析，开展系统优化与隐患消缺工作，出具整改方案，由运行维护单位（部门）提交信息化职能管理部门。信息化职能管理部门会同业务主管部门、运行维护单位（部门）对整改方案进行审核，并监督整改方案的执行。

（三）系统承建单位按照公司保密要求，与运行维护单位（部门）签订安全保密协议，并辅助完成运维培训与能力测评。

第四十七条 系统承建单位在试运行具备以下条件后方可申请试运行验收：

（一）上线试运行期不少于 90 天，且系统持续稳定运行，未发生非计划停运、主要功能失效等事件发生；

（二）建转运评价分值必须达到90分以上（含90分），如评价分值低于90分，必须针对评价问题进行整改，整改完成后重新评价，直至评价分值达到90分以上，且无单一否决指标不通过；

（三）试运行期间发现的重大缺陷和问题全部消除，一般缺陷已制定消缺计划并通过系统运检机构和业务主管部门审核后持续稳定运行30天；

（四）系统承建单位应提供用户使用报告和试运行总结报告，用户使用报告应由业务主管部门签字盖章，试运行总结报告应由系统运检机构签字盖章；

（五）完成验收测试。

第四十八条 验收申请发起后，信息化职能管理部门组织专家成立试运行验收工作组，成员应由业务主管部门、运行维护单位（部门）、建设管理单位相关人员组成。验收工作组包括技术审查组、生产准备组、文档审查组等专业小组。按照相关验收管理要求，组织开展上线试运行验收工作，具体验收管理要求如下：

（一）信息化职能管理部门会同有关业务主管部门制定验收方案和验收计划，成立验收组织机构，印发验收通知，在运行维护单位（部门）配合下，开展验收工作；

（二）验收内容包括对系统运行质量的评价、运维团队的评价及试运行工作规范性等方面；

（三）项目验收专家组根据验收具体情况，组织专家会议，形成验收报告，出具验收意见和结论，明确是否通过验收；对于验收发现的问题，应组织验收专家组明确整改内容、责任单位、监督复查单位及时间要求，系统承建单位和运行维护单位应按照要求及时处理，保证验收成效；对于验收不通过的系统，应明确后续处理意见，确定是否需重新试运行；

（四）对于公司总部信息系统和一级部署信息系统上线试运行验收由国网信通部组织验收，对于公司各级信息化职能管理部门自行组织。

查证及评价方法

查阅缺陷、问题、故障记录及整改处理报告；查阅移交记录及文档；查阅验收报告。

未履行系统上线试运行申请流程的扣5分；系统上线试运行缺陷、问题、故障记录及整改处理报告，每少一项，扣1分；未删除临时工作所需的账号及其他临时措施扣2分；用户使用 报告和试运行总结报告等相关报告，每少一项，扣1分；用户应用培训、运行维护培训、系统备份方案、系统监控方案、安全策略配置方案、应急预案等运行技术文档，每缺少一项，扣1分；检查移交技术文档，包括系统日常维护手册、系统管理员手册、系统培训手册、系统核心参数及端口配置表、系统用户及口令配置表（需含口令修改关联关系）、技术支持服务联系人及联系方式等，每少一项，扣1分；检查系统上线试运行验收通知、验收申请单及验收报告，每少一项，扣2分。

2.3.5 系统下线

评分标准

1）应用系统下线前应进行风险评估，并进行下线审批。

2）信息运维单位（部门）应根据业务部门的要求对应用程序和数据进行备份及迁移工作。数据处置策略（含数据保留时间、数据保留设施和数据查询方式等）信息通信职能管理部门、业务归口管理部门和运维单位已经共同确认。系统下线后应同步完成设备台账的状态变更及业务监控接口的停运。

3）报废设备的存储介质，须进行专业处理，确保所涉及的软件、硬件被安全处置，保证数据被彻底销毁。

4）公司各单位信息化职能管理部门组织运行维护单位（部门）及鉴定人员按照技术鉴定标准对腾退设备进行技术鉴定，根据下线设备检定结果，分别采用报废、关停备用、再利用等方式进行处置。

评价依据

【依据】《国家电网公司信息系统建转运实施细则》[国网（信息/4）261—2018]

第五十四条 系统下线前，由业务部门或运行维护单位（部门）向信息化职能管理部门提出下线申请，信息化职能管理部门组织运行维护单位（部门）对系统下线进行风险评估，并经其他相关部门审核和信息化职能管理部门审批后，由信息运行维护单位（部门）具体实施。

第五十五条 信息运行维护单位（部门）应根据业务部门的要求对应用程序和数据进行备份及迁移工作。数据处置策略（含数据保留时间、数据保留设施和数据查询方式等）信息通信职能管理部门、业务归口管理部门和运维单位已经共同确认。系统下线后应同步完成设备台账的状态变更及业务监控接口的停运。

第五十七条 公司各单位信息化职能管理部门组织运行维护单位（部门）及鉴定人员按照技术鉴定标准对腾退设备进行技术鉴定。地（市）县公司：一般信息设备（除服务器和三层交换机以外）技术鉴定工作由所属地（市）县信息归口管理部门负责；重要信息设备（服务器、三层交换机等）技术鉴定工作，除所属地（市）县信息归口管理部门审批外，需上报省公司科信部审批。省（市）公司：组织省电科院相关专业人员开展集中、统一鉴定工作，设备鉴定后出具信息设备鉴定报告。

第五十八条 根据下线设备检定结果，分别采用报废、关停备用、再利用等方式进行处置。

第六十一条 报废设备的存储介质，须进行专业处理，确保所涉及的软件、硬件被安全处置，保证数据被彻底销毁。

第六十二条 对于需报废的涉密设备由公司各级单位保密责任部门按照相关保密安全规定处理，防止信息泄密。

查证及评价方法

查阅风险评估报告、审批文件；查阅数据备份和迁移记录；查阅软硬件设置处置（报废或移作他用前需进行数据擦除）记录。

检查风险评估报告、审批文件，每少一项，扣2分；检查数据处置策略是否由信息通信职能管理部门、业务归口管理部门和运维单位共同确认，未确认，扣3分；检查软硬件设置处置记录，无记录，扣2分。

2.4 等级保护测评（三个专业）

2.4.1 定级与备案

评分标准

1）新建或在运信息系统参照《电力行业信息系统等级保护定级工作指导意见》，对系统进行定级，编制定级报告，经公司总部审核后方可确定，并由系统建设项目负责部门会同信息通信职能管理部门，向所在地公安机关和所在地电力行业主管部门备案，在取得备案证明后录入公司信息通信业务管理系统等级保护模板。

2）二级系统至少每两年进行一次测评，三级系统和四级系统至少每年完成一次测评。当系统发生重大升级、变更或迁移后需立即进行测评。

3）等级保护测评应选择国家信息安全等级保护管理机构推荐的测评机构，对于三级以上信息系统，应优先选择电力行业等级保护测评机构，将等级保护测评报告递交当地公安机关备案。

一 评价依据

【依据1】《中华人民共和国网络安全法》

第二十一条 国家实行网络安全等级保护制度。网络运营者应当按照网络安全等级保护制度的要求，履行下列安全保护义务，保障网络免受干扰、破坏或者未经授权的访问，防止网络数据泄露或者被窃取、篡改：

（一）制定内部安全管理制度和操作规程，确定网络安全负责人，落实网络安全保护责任；

（二）采取防范计算机病毒和网络攻击、网络侵入等危害网络安全行为的技术措施；

（三）采取监测、记录网络运行状态、网络安全事件的技术措施，并按照规定留存相关的网络日志不少于六个月；

（四）采取数据分类、重要数据备份和加密等措施；

（五）法律、行政法规规定的其他义务。

【依据2】《国家电网公司信息安全等级保护建设实施细则》[国网（信息/4）439—2014]

第三章 定级备案

第十二条 对于新建信息系统，系统建设项目负责部门应组织系统开发实施单位在系统规划设计阶段，参照《电力行业信息系统等级保护定级工作指导意见》，对系统进行定级，编制定级报告。各级单位信息系统建设项目负责部门审核定级报告后，报本单位信息通信职能管理部门或电力调控中心。省公司级单位信息通信职能管理部门及电力调控中心负责审核、汇总本单位及下属单位定级结果，并上报国网信通部及国调中心。

第十三条 对于需开展定级工作的在运信息系统，系统建设项目负责部门应参照《电力行业信息系统等级保护定级工作指导意见》组织系统运维单位对系统进行定级，编制定级报告。各级单位信息系统建设项目负责部门审核定级报告后，报本单位信息通信职能管理部门或电力调控中心。省公司级单位信息通信职能管理部门及电力调控中心负责审核、汇总本单位及下属单位定级结果，并上报国网信通部及国调中心。

第十四条 各级单位定级需经公司总部审核后方可确定。新建系统在正式投运30日内，已投运系统在等级确定后30日内，由系统建设项目负责部门会同信息通信职能管理部门，向所在地公安机关和所在地电力行业主管部门递交其中规定的备案材料，在取得公安机关出具的备案证明后录入公司信息通信业务管理系统等级保护模板。系统运维单位受管理部门委托，可具体承担备案工作。

第六章 等级测评

第二十一条 信息系统正式运行后，各级单位信息系统建设责任管理部门应落实系统定期等级保护测评工作。二级系统每三年进行一次测评，三级系统每年完成一次测评、四级系统每半年完成一次测评。当系统发生重大升级、变更或迁移后需立即进行测评。

第二十二条 各级单位应选择国家信息安全等级保护管理机构推荐的测评机构开展等级测评工作，对于三级以上信息系统，应优先选择电力行业等级保护测评机构开展测评。

第二十三条 各单位信息通信职能管理部门和电力调度中心应组织系统建设项目负责部门、系统开发实施单位和系统运维单位积极配合等级测评工作，并及时完成测评发现问题的整改工作。

第二十四条 各级单位等级保护测评完成后应将测评机构出具的等级保护测评报告递交当地公安机关备案。

查证及评价方法

核对本年度上线应用系统台账，检查系统定级情况；查阅测评报告，测评报告出具单位应为经国家或行业认可的测评机构。

已建或新建信息系统存在漏定级或未定级的情况，扣 5 分；未编制定级报告，扣 2 分，未进行备案，扣 3 分，未录入公司信息通信业务管理系统等级保护模板，扣 2 分；未按要求开展测评工作，扣 5 分；测评机构不符合要求，扣 3 分，测评报告未备案，扣 3 分。

2.5 通信安全监理与现场安全管控

2.5.1 通信安全监理

评分标准

建立健全监理质量控制保证体系，配备专业齐全、合格的监理工程师，编制监理规划、监理实施细则、监理总结及管理办法。

评价依据

【依据 1】《国家电网公司通信项目建设管理办法》[国网（信息 /4）424—2014]

第三十四条 通信项目监理主要工作内容包括：

（一）建立健全监理质量控制保证体系，配备专业齐全、合格的监理工程师。按照国家法律法规、公司质量管理规章制度和工程建设监理合同开展质量监理活动，并对工程质量承担监理责任；

（二）受项目建设单位委托，监理单位负责编制监理规划、监理实施细则、监理总结及管理办法。负责监督检查物资供应、随工验收和施工全过程的安全、质量、进度及合同执行情况，及时向项目建设单位汇报工程进展情况，提出合理建议，配合安全事故调查和质量责任调查工作，负责监督检查项目施工全过程文件材料的完整、准确和系统性。

查证及评价方法

查阅建设监理相关资料和文件。

无通信工程建设相关监理资料，扣 10 分；监理资料不全，每发现一处扣 2 分。

2.5.2 施工现场安全管控

评分标准

现场施工应使用工作票，票面应整洁无涂改，动火作业应使用动火工作票；项目建设、施工、监理等责任单位管理职责需明确，建设单位需按规定与施工、监理单位签订承包合同和安全协议，“三措一案”应齐全并按照规定办理审核批准手续。

评价依据

【依据 1】《国家电网公司电力安全工作规程（信息部分）（试行）》

2.2 作业现场的基本条件：

2.2.1 信息作业现场的生产条件和安全设施等应符合有关标准、规范的要求。

2.2.2 现场使用的工器具、调试计算机（或其他专用设备）、外接存储设备、软件工具等应符合有关安全要求。

2.2.3 机房内的照明、温度、湿度、防静电设施及消防系统应符合有关标准、规范的要求。

2.2.4 机房及相关设施的接地电阻、过电压保护性能，应符合有关标准、规范的要求。

2.2.5 机房及相关设施宜配备防盗、防小动物等安全设施。

【依据 2】《国家电网公司电力安全工作规程（电力通信部分）（试行）》

2.2 作业现场的基本条件：

2.2.1 电力通信作业现场的生产条件和安全设施等应符合有关标准、规范的要求。

2.2.2 现场使用的仪器仪表、工器具等应符合有关安全要求。

【依据 3】《国家电网公司电力安全工作规程（电力监控部分）（试行）》

2.2 作业现场的基本条件：

2.2.1 电力监控系统作业现场的生产条件、安全设施和安全防护等应符合有关标准、规范的要求。

2.2.2 现场使用的工器具、调试计算机（或其他专用设备）、存储设备、软件工具等应符合有关要求。

2.2.3 作业现场的照明、温度、湿度、安防及消防系统应符合有关标准、规范的要求。

2.2.4 机房及相关设施的防雷及接地性能，应符合有关标准、规范的要求。

2.2.5 机房及相关设施应配备防水、防潮、防盗、防小动物、防静电等安全设施，应按规定对关键区域实施电磁屏蔽。

2.2.6 设备、线缆应有清晰准确的标识，所有进出管孔应用防火材料严密封闭。

查证及评价方法

查阅相关资料和文件。

一处不符合要求，扣 2 分（检查近一年内工作票）。

3 调运检管理

调运检管理主要包括调控管理、运行管理、检修管理、运行指标等四部分共计 24 项查评内容，查评分共计 400 分。其中调控管理包括调度监控与值班管理、应急处置、运行方式管理和分析评价管理 4 项内容；运行管理包括巡视管理、缺陷管理、资产管理、备案内容与材料变更、各类资料、仪器仪表和备品备件 7 项内容；检修管理包括检修计划、申请与审批、检修开始及结束、工作票填报及执行情况 4 项内容；运行指标包括信息主机设备运行率、主要信息应用系统运行率、信息核心网络运行率、信息核心网络设备运行率、信息安全指标、通信电路月运行率、通信设备月运行率、光缆线路运行率和业务保障率 9 项内容。

3.1 调控管理

3.1.1 调度监控与值班管理

评分标准

1）信息通信运行值班制度（省级及以上）中应规定值班实行 7×24 小时值班制度。

2）值班日志记录全面，对当值期间的设备故障处理情况、调度命令、巡视记录和上级通知等应详细记录，并在交接班时交接清楚。及时向上级调度员汇报调度命令的执行情况和设备运行情况。

评价依据

【依据】《国家电网公司信息通信系统调度管理办法》［国网（信息 /3）493—2014］

第二十条 各级信息通信调度工作严格执行调度值班、交接班和调度汇报制度：

（一）各级信息通信调度实行 7×24 小时值班制度。

查证及评价方法

查阅相关值班规定和记录。

检查监控系统、通信网管、网络运行监控、主机运行监控、数据库运行监控、安全风险扫描与监测、桌面终端监控运行情况。无相关的值班制度扣 10 分；无值班安排扣 5 分；值班无值班日志扣 10 分；值班日志记录不全面，存在值班事件未记录或问题未终结扣 5 分；交接班不清楚每处扣 2 分。

3.1.2 应急处置

评分标准

1）每年至少开展两次联合反事故演习。

2）每年至少开展一次与灾备中心的联合应急演练。

3）按照应急预案组织开展紧急抢修，通过方式调整快速恢复系统运行，并建立紧急抢修后评估机制。

4）建立业务流程库、应急预案库、典型案例库和工作指导卡，其中，业务流程库涵盖调度主要业务流程，应急预案库包括所有主要系统及主设备的应急预案，典型案例库包含典型故障处置方法，工作指导卡明确调度员的工作职责、内容与要求。

评价依据

【依据】《国家电网公司网络安全与信息通信应急管理办法》［国网（信息/3）405—2018］

第二十六条 公司各单位应按照总部统一要求，与定期开展的专项应急预案和现场处置方案的培训、考试相结合，有效开展各类专项应急演练，至少应包含以下演练内容：

（一）各专项应急预案的演练每年至少进行一次；

（二）各现场处置方案的演练应制定演练计划，以三年为周期全覆盖；

（三）国网信通公司和国网上海、陕西电力完成年度灾备演练排期，公司各单位按照排期开展本年度灾备演练；

（四）国网信通公司（国网信通调度）每双周组织公司各单位开展信息通信系统常态化演练；各分部每年组织本区域内单位至少开展一次示范性无脚本实操演练。

查证及评价方法

检查联合反事故演习方案、反事故演习总结报告；检查灾备联合演练方案和总结报告；检查抢修记录及报告，对紧急抢修处理的时长及效果进行评估；抽查业务流程库、应急预案库、典型案例库和工作指导卡。抽查调度员是否能按照三库一卡进行实际操作。

联合反事故次数少 1 次，扣 5 分，方案、报告少一份，扣 5 分；未开展灾备应急演练，扣 5 分；检查紧急抢修记录，是否按照紧急抢修流程进行处置，缺少一项扣 2 分；检查紧急检修报告，缺少一项，扣 3 分；未按要求建立业务流程库、应急预案库、典型案例库和工作指导卡，扣 5 分；每发现一项覆盖范围不全的，扣 1 分；抽查调度员在仿真系统中是否能按照应急预案进行实际操作，每发现一处操作失误，扣 1 分。

3.1.3 运行方式管理

评分标准

1）及时编制年度运行方式，并履行审批发布手续。按正式发布的运行方式要求进行系统规划设计、建设及资源优化配置。

2）建立基础资料管理流程。至少应具备以下资料：机房定置图、电源接线示意图、系统架构图、网络拓扑图、年度运行方式；各类技术图纸必须与实际一致。

3）建立健全系统（设备）投退管理制度。各类设备按国家电网公司统一规范进行命名管理和安全备案管理。

4）对获批的检修工作及时发布，审核、批复下级调度机构上报的信息通信检修计划，针对下级调度机构统一下发检修计划，评估检修计划影响范围，监督各类检修计划的执行并跟踪记录。

评价依据

【依据 1】《国家电网公司信息通信系统调度管理办法》[国网（信息 /3）493—2014]

第二十四条 各级信息通信调度负责组织开展调度管辖范围内信息通信系统日常运行方式的编制、下达和监督执行等工作。执行机构收到方式单后应严格按照方式单上的要求执行相关工作，并将执行结果及时反馈。

第二十五条 各级信息通信调度负责组织相关单位开展信息通信系统年度运行方式的编制工作。各分部、省公司级单位信息通信系统年度运行方式由本单位信息化职能管理部门审批，并报国网信通部审查、备案；地市（区、州）供电公司通信系统年度运行方式由省公司科技信通部审批。

第二十八条 各级调度机构负责组织开展调管范围内信息通信资源的核查，以及资源申请的受理、审核和调配工作。

【依据2】《国家电网公司信息通信系统调度运行管理办法》[国网(信息/2)431—2014]

第十五条 公司信息通信调度管理工作主要包括信息通信调度值班、检修计划管理、方式资源管理、应急安全管理和统计分析等工作，主要内容如下：

（二）明确调度管辖范围，编制调度管辖范围明细表，对调度管辖范围内的信息通信资源进行统一调度和命名。

【依据3】《国家电网公司通信运行管理办法》[国网(信息/3)491—2014]

第二十二条 通信资源使用应严格履行申请、审批程序，落实运行方式单分配通信网资源。通信网日常运行方式管理具体要求如下：

（七）各级通信运维单位在通信运行方式编制时应使用统一规范的命名规则，并与通信管理系统资源命名规范保持一致。涉及电网一次、二次设备时，应与一次线路、厂（站）的命名和二次系统命名保持一致。

【依据4】《国家电网公司信息通信系统调度管理办法》[国网(信息/3)493—2014]

第三十九条 信息系统检修计划管理工作要求如下：

（一）各级调度机构应严格核实信息系统检修计划的时间、影响范围、内容、联调单位和应急回退方案；

（二）各级调度机构应监督调度管辖范围内检修计划的执行情况，超时或延期执行的检修计划应立即上报上级调度机构；

（四）各级调度机构应至少提前一个工作日发布检修计划公告，并通知信息通信客户服务机构。

第四十条 通信检修计划管理工作要求如下：

（一）通信设备检修管理工作的计划、申请、审批、开工、竣工以及操作的具体程序和要求应严格按照《电力通信检修管理规程》执行；

（三）各级通信调度受理通信设备、通信电路检修申请工作单后，应依据通信调度管辖权限予以审核、审批。涉及影响一次电网生产或电网运行方式通信检修，应履行其电网设备检修管理程序，通信调度方可审批，报通信机构签发。

【依据5】《国家电网公司通信检修管理办法》[国网(信息/3)490—2017]

三、不同类型人员要求

（四）上级信通公司（运维单位）在执行通信检修申请审批流程时，应符合以下要求：

1. 当下级通信检修影响本级电网通信业务时，应对通信检修申请票的工作时间、工作内容、业务影响情况、检修方案、风险预警单等内容进行审核；

2. 当下级信通调控部门上报风险预警事件时，应评估系统运行风险，及时相关单位风险预警需求。

（六）各审批环节原则上均不应超过1个工作日。通信检修申请票应在工作前2个工作日（临时检修应在工作前1个工作日）上午9:00前上报至最终检修审批单位。最终检修审批单位应在检修前的1个工作日17:00前完成批复和下达。影响电网调度通信业务的通信检修申请票应在工作前至少1个工作日报送电力调控中心会签。

查证及评价方法

检查年度、月度运行方式；抽查基础资料；检查是否有设备、电路的投退管理制度、投运的记录抽查检修发布情况，及检修跟踪记录。

未编制运行方式不得分，编报不及时，扣3分，审批发布手续不齐全，扣3分；未按正式发布的运行方式执行且无充分理由说明原因，每一项，扣1分；缺少基础资料管理流程的，扣5分；缺少规定资料的，每一项，扣2分；技术图纸与实际不相符的，一处，扣1分；未建立设备、电路投退管理制度的，扣5分；没有系统（设备）投、退相关单据的，扣5分；单据要素不完整的，缺少一项关键要素扣1分；没有检修发布的扣2分；没有检修跟踪记录的扣2分。

3.1.4 分析评价

评分标准

1）不定期开展专项分析与预测，对当前调度运行工作中所遇到的重大事件（系统故障等）进行专项分析、总结，并制定下一步系统优化工作方案。

2）每月开展信息通信系统运行情况分析工作。

3）优化资源配置方案，掌握调管范围备品备件储备情况，具备调管范围内信息通信资源资料，强化版本管理；建立各类资源（人员、设备）调配机制，实现资源统筹调度，制定有限资源（电源、存储空间、通道等）使用控制机制，形成有效的管理方式和控制手段，杜绝有限资源过度冗余和紧张并存。

评价依据

【依据】《国家电网公司信息通信调度机构评价标准》（征求意见稿）

4.1　系统数据分析：不定期开展专项分析与预测，对当前调度运行工作中所遇到的重大事件（系统故障等）进行专项分析、总结，并制定下一步系统优化工作方案。每月开展信息通信系统运行情况分析工作。开展年度分析预测，对本年度运行各系统设备运行情况进行汇总分析。规划下一年重点工作。

4.3 资源统计分析：优化资源配置方案，掌握调管范围备品备件储备情况，具备调管范围内信息通信资源资料，强化版本管理；建立各类资源（人员、设备）调配机制，实现资源统筹调度，制定有限资源（电源、存储空间、通道等）使用控制机制，形成有效的管理方式和控制手段，杜绝有限资源过度冗余和紧张并存。

查证及评价方法

检查运行分析相关材料，包括事件统计、事件分析及整改方案等。

检查当年信息通信调度运行月报。检查是否有资源的统计库；检查是否建立资源调配制度；抽查是否有资源调度记录。

检查是否有专题分析资料，没有扣5分；抽查专题分析资料内容，是否有对事件的分析和下一步工作方案，缺少一项，扣1分；检查信息通信调度月报，每缺1个月扣2分。抽查信息通信调度月报内容是否覆盖调度指令执行、运行监视、检修、抢修及预警方面，是否有对本月工作的汇总评价及下月工作的计划，缺少一项，扣2分；检查人员、设备、备品备件资源统计库，缺失一项扣2分；未建立资源调配制度的，扣2分。

3.2 运行管理

3.2.1 巡视管理

评分标准

1）定期对信息通信设备进行巡视。

2）定期对通信光缆进行巡视。

3）报警信息的远程监视与推送准确及时。

评价依据

【依据1】《国家电网公司通信运行管理办法》[国网（信息/3）491—2014]

运维单位应建立定期专业巡视、检测制度，并具备相应的保障能力和保障措施，确保所辖通信设备/设施的安全稳定运行。

【依据2】《国家电网公司信息设备管理细则》[国网(信息/4)288—2014]

第二十九条 定期开展信息设备巡视工作，巡视内容包括：设备运行状态、电源工作状态、机房运行环境等。巡视中发现异常、缺陷应及时进行登记和上报，并进行相应处理。

【依据3】《国家电网有限公司十八项电网重大反事故措施（修订版）》（国家电网设备〔2018〕979号）

16.3.3.2 通信站内主要设备及机房动力环境的告警信息应上传至24h有人值班的场所。通信电源系统及一体化电源——48V通信部分的状态及告警信息应纳入实时监控，满足通信运行要求。

查证及评价方法

查阅相关巡检及测试记录。

无信息通信设备巡视记录，扣5分；无通信光缆巡视记录，扣10分；巡视周期达不到规范要求或记录不全，扣5分；无报警信息的远程监视与推送，扣5分；有报警信息的远程监视与推送，发现不准确不及时，每处扣1分。

3.2.2 缺陷管理

评分标准

1）应按照公司有关规定要求定义并识别系统缺陷等级。规范缺陷的监控、处置、消除等工作，信息缺陷处理时限要求为：

① 危急缺陷的消除时间或立即采取限制其继续发展的临时措施的时间不超过24小时；② 严重缺陷的消除时间不超过1个月；③ 一般缺陷的消除时间不超过6个月；④ 重大保障活动，重要节假日（国庆、春节）、迎峰度夏（冬）前，严重及以上缺陷全部消缺。

2）通信缺陷处理时限要求为：

① 发生一级缺陷时，业务抢通工作应在4小时之内完成；② 发生二级缺陷时，应在24小时之内完成消除设备缺陷或降低等级；③ 发生三级缺陷时，应在48小时之内完成消除设备缺陷或降低等级；④ 发生四级缺陷时，应按照临时检修分工、流程和要求进行处理，在7天内消除设备缺陷；⑤ 发生五级缺陷时，应按照临时检修分工、流程和要求进行处理，在30天内消除设备缺陷。

评价依据

【依据1】《国家电网公司信息系统缺陷管理规范（试行）》（征求意见稿）

第十三条 缺陷定级信息系统缺陷按其严重程度划分为三个等级：危急缺陷、严重缺陷、一般缺陷。

第二十四条 发生危急缺陷时，应在24小时内完成缺陷消除的闭环流程，超过消缺时限仍未消缺的纳入隐患管理流程进行闭环督办。

第二十五条 发生严重缺陷时，应在一个月内完成缺陷消除的闭环流程，超过消缺时限仍未消缺的纳入隐患管理流程进行闭环督办。

第二十六条 发生一般缺陷时，应在六个月内完成缺陷消除的闭环流程，无论是否超出消缺期限均不纳入隐患管理。

【依据2】《国家电网公司通信设备缺陷管理规范（试行）》（征求意见稿）

第十一条 根据设备缺陷的严重性程度，将设备缺陷分为五级：一级缺陷、二级缺陷、三级缺陷、四级缺陷、五级缺陷。

第十九条 发生一级缺陷时，业务抢通工作应在4小时之内完成。

第二十条 发生二级缺陷时，应在24小时之内消除设备缺陷或降低等级。

第二十一条 发生三级缺陷时，应在48小时之内消除设备缺陷或降低等级。

第二十二条 发生四级缺陷时，按照临时检修分工、流程和要求进行处理，应在7天内消除设备缺陷。

第二十三条 发生五级缺陷时，按照检修分工、流程和要求进行处理，应在30天内消除设备缺陷。

查证及评价方法

查阅有关管理规定；检查近3个月的缺陷单，访谈相关人员。

未按照公司有关规定要求定义并识别系统缺陷等级，扣10分；未规范缺陷的监控、处置、消除等工作，扣10分；按照评分标准1）（针对信息缺陷）或2）（针对通信缺陷）项中的五点要求，每发现一项不满足，扣5分。

3.2.3 资产管理

评分标准

1）定期维护各类信息、通信系统台账。

2）设备验收流程完备，并提交书面验收报告。

3）设备验收满足投运要求后，建设单位和运行单位办理移交手续，在相关系统中更改设备状态为在役状态。

4）对设备的改造与更新应做到事前计划和事后记录。

5）设备退役应履行规定的流程，从信息、通信资产台账和财务资产台账中做相应更改。

评价依据

【依据1】《国家电网公司信息系统运行管理办法》[国网（信息/3）262—2014]

第二十四条 设备管理工作内容与要求：

（一）设备管理主要通过对信息系统和软硬件设备的各类台账信息、配置信息及相互关系进行动态管理，建立常态化信息设备全生命周期管理机制。

【依据2】《国家电网有限公司十八项电网重大反事故措施（修订版）》（国家电网设备〔2018〕979号）

16.3.2.2 在通信设备的安装、调试、入网试验等各个环节，应严格执行电力系统通信运行管理和工程建设、验收等方面的标准、规定。

【依据3】《国家电网公司信息安全风险评估实施细则（试行）》

4.2.2 资产分类管理：完备的设备验收流程，并提交书面验收报告。对设备的改造与更新应做到事前计划和事后记录。

查证及评价方法

查阅信息、通信台账和相关资料；查阅验收报告；相关系统中查阅设备状态和移交手续；查阅改造计划及相关记录。

无资产台账，扣5分；资产账、卡、物不一致，扣2分；未进行验收扣5分；验收流程不完备，扣2分；无设备验收报告，扣5分；状态不一致，扣3分；无移交手续，扣2分；无改造计划，扣3分；无改造记录，扣2分；未按流程进行设备报废，扣5分。

3.2.4 备案内容与材料变更

评分标准

1）等级保护备案材料内容与信息系统实际环境应一致。

2）对发生变更的信息系统应进行备案材料变更。

评价依据

【依据1】《国家电网公司信息安全等级保护建设实施细则》［国网（信息/4）439—2014］

第十四条 各级单位定级需经公司总部审核后方可确定。新建系统在正式投运30日内，已投运系统在等级确定后30日内，由系统建设项目负责部门会同信息通信职能管理部门，向所在地公安机关和所在地电力行业主管部门递交其中规定的备案材料，在取得公安机关出具的备案证明后录入公司信息通信业务管理系统等级保护模板。系统运维单位受管理部门委托，可具体承担备案工作。

第二十一条 信息系统正式运行后，各级单位信息系统建设责任管理部门应落实系统定期等级保护测评工作。二级系统每三年进行一次测评，三系统每年完成一次测评、四级系统每半年完成一次测评。当系统发生重大升级、变更或迁移后需立即进行测评。

第二十四条 各级单位等级保护测评完成后应将测评机构出具的等级保护测评报告递交当地公安机关备案。

【依据2】《国家电网公司电力二次系统安全防护管理规定》［国网（调/4）337—2014］

第六条 各级电力调度机构应履行以下职责：

（四）负责组织或参与调度管辖范围内电力二次系统安全防护检查、安全评估和等级保护测评工作。

第十四条 需要等级保护定级备案的电力二次系统应及时向公安机关定级备案。

查证及评价方法

通过台账核对；现场检查；对出现以下变更情况应进行备案材料变更：①信息系统下线；②信息系统使用产品变更、服务范围变更、版本升级、采用服务变更时，应及时调整备案数据。

等级保护备案材料内容与信息系统实际环境不一致，扣5分；未对发生变更的信息系统进行备案材料变更，每发现一处扣5分。

3.2.5 各类资料

评分标准

以下基本运行资料齐全，并符合运行实际要求：

1）机房工程竣工验收资料、站内设备图纸、说明书、操作手册、现场作业指导书。

2）交、直流电源供电示意图、接地系统图、业务电路和光缆路由图、系统网络拓扑结构图。

3）日常运行记录、系统运行方式、资源分配表、配线资料、检修测试记录、故障和缺陷处理记录。

4）设备台账资料、仪器仪表、备品备件、工器具保管使用记录。

5）机房应急预案。

6）机房综合监测系统资料。

评价依据

【依据1】《电力通信运行管理规程》（DL/T 544—2012）

10.5 通信机构应具备以下通信站基本运行资料：

a）通信站、设备及相应电路竣工验收资料。b）站内通信设备图纸、说明书、操作手册。c）交、直流电源供电示意图。d）接地系统图。e）通信电路、光缆路由图。f）电路分配使用资料。g）配线资料。h）设备检测、蓄电池充放电记录。i）通信事故、缺陷处理记录。j）仪器仪表、备品备件、工器具保管使用记录。k）值班日志。注：指有人值班通信站。l）定期巡检记录。注：指无人值班通信站。m）通信站应急预案。n）通信站综合监控系统资料。

【依据2】《电力通信系统安全检查工作规范》（Q/GDW 756—2012）

4.3 资料检查应检查通信站资料是否齐全、准确，更新是否及时，各类资料应有专人保管。其中通信站应急预案应有纸质文档，并存放在现场。其他资料可使用计算机网络管理，异地存放，现场调用。继电保护、安控装置等重要业务应在配线资料和电路分配使用资料等运行资料中特别标记。通信站应具备以下资料：a）有人值班通信站值班日志；b）定期巡检、巡视记录；c）交、直流电源系统接线图；d）站内通信设备连接图；e）通信系统图；f）光缆路由图；g）电路分配使用资料；h）相关重要业务的运行方式资料、通道运行资料；i）配线资料；j）光缆纤芯测试记录；k）设备检测、蓄电池充放电记录；l）机房接地系统等过电压保护资料、检测记录；m）通信事故、缺陷处理记录；n）设备台账；o）仪器仪表、备品备件、工器具保管使用记录；p）通信站综合监测系统资料；q）通信站、设备及相应电路竣工验收资料；r）站内通信设备图纸、说明书、操作手册；s）通信现场作业指导书；t）通信站应急预案。

查证及评价方法

检查运行资料的完整性、准确性和及时更新情况。

基本运行资料不完整、不准确或缺少，每发现一项，扣2分；资料未及时更新，每发现一处，扣1分。

3.2.6 仪器仪表

评分标准

1）配备必要的测试仪器、仪表和安全工器具。

2）仪器、仪表和安全工器具应按要求整齐存放，并具备完善的标识。

3）仪器、仪表和安全工器具应定期检验合格。

评价依据

【依据1】《电力通信运行管理规程》（DL/T 544—2012）

11.1.2 通信设备与电路的维护要求

d）通信机构应配置相应的仪器、仪表、工具；仪器、仪表应按有关规定定期进行质量检测，保证计量精度。e）仪器仪表、备品备件、工器具应管理有序。

【依据2】《电力通信现场标准化作业规范》（Q/GDW 721—2012）

5.2 工器具和仪器仪表要求

电力通信现场作业的器具和仪器仪表应满足：

a）仪器仪表及工器具必须满足作业要求；

b）仪器仪表应定期检验合格；

c）安全工器具应定期检验合格。

查证及评价方法

检查信息通信测试仪器仪表和安全工器具的配置和管理情况。检查仪器仪表和安全工器具的校验记录。

未配备必要的测试仪器、仪表和安全工器具，发现一处，扣 2 分；仪器、仪表和安全工器具未按要求整齐存放或无标识，发现一处，扣 1 分；仪器、仪表和安全工器具未进行定期校验合格，发现一处，扣 1 分。

3.2.7 备品备件

评分标准

1）制定信息通信设备备品、备件管理制度。

2）备品、备件应满足生产需要，并实现信息化管理。

3）备品、备件应按要求整齐存放，并具备完善的标识。

评价依据

【依据 1】《电力通信运行管理规程》（DL/T 544—2012）

12 备品备件

12.1 通信系统应配备满足系统故障处理、检修所需的备品备件，并在一定区域范围内建立备品备件库，应能在故障处理时间内送至故障现场。

12.2 备品备件应定期进行检测，确保性能指标满足运行要求。

12.3 光缆线路备品备件应包括光缆、金具、光缆接续盒等。

12.4 通信设备备品备件应按照网络规模、设备构成单元、设备运行状态和业务重要性配置。

12.5 通信机构应根据本单位实际情况配置足够数量的常用运行维护耗材。

【依据 2】《电力通信运行管理规程》（DL/T 544—2012）

11.1.2 通信设备与电路的维护要求

e）仪器仪表、备品备件、工器具应管理有序。

查证及评价方法

检查信息通信设备备品、备件的配置和管理制度。检查设备备品、备件实际存放和标识等。

无备品备件管理制度，本项不得分；重要备品、备件不全的，每少一项，扣 2 分；未实现信息化管理，扣 5 分；备品、备件存放不符合要求，扣 1 分；备品、备件标识不清，每处扣 1 分。

3.3 检修管理

3.3.1 检修计划

评分标准

各级信息通信机构应根据所辖范围内信息通信设备运行状况，结合信息、通信专业特点及业务需求，信息、通信设施的状态评价、风险评估，以及电网检修计划，制定信息、通信检修计划。

评价依据

【依据】《国家电网公司通信检修管理办法》[国网（信息/3）490—2017]

第十七条 通信检修计划一般应遵循下列原则：

（一）凡涉及对运行中通信线路、设备等进行试验、测试、维护、修理、改造等作业，必须纳入通信检修计划；

（二）涉及电网调度通信业务的通信检修，原则上应与电网检修同步实施。不能与电网检修同步实施，且影响电网调度通信业务的通信检修，应避开电网负荷高峰时段，重大保障期间原则上不安排通信检修。

查证及评价方法

查阅检修计划相关资料和文件。

检修计划未按规范编制，扣10分；未按时上报年度、月度、周（信息）检修计划的，每次扣5分；一类通信检修未纳入一次检修计划，扣5分。

3.3.2 申请与审批

评分标准

信息通信检修应按要求履行申请审批手续；检修审批应按照信息通信调度管辖范围及下级服从上级的原则进行，以最高级信息通信调度批复为准。

评价依据

【依据 1】《国家电网公司电力安全工作规程（信息部分）（试行）》《国家电网公司电力安全工作规程（电力通信部分）（试行）》《国家电网公司电力安全工作规程（电力监控部分）（试行）》

3.1　在信息系统上工作，保证安全的组织措施。

3.1.1　工作票制度。

3.1.2　工作许可制度。

3.1.3　工作终结制度。

【依据 2】《国家电网公司信息通信系统调度管理办法》[国网（信息 /3）493—2014]

第三十六条　调度审核（批）调度管辖范围内计划检修时，要考虑信息通信系统部署的关联性和全程全网的特点，避免因检修工作影响其他系统或其他单位信息通信业务的正常运行。

第四十条　通信检修计划管理工作要求如下：

（三）各级通信调度受理通信设备、通信电路检修申请工作单后，应依据通信调度管辖权限予以审核、审批；

（六）各审批环节原则上均不应超过 1 个工作日。通信检修申请票应在工作前 2 个工作日（临时检修应在工作前 1 个工作日）上午 9:00 前上报至最终检修审批单位。最终检修审批单位应在检修前的 1 个工作日 17:00 前完成批复和下达。

【依据 3】《国家电网公司信息系统检修管理办法》[国网（信息 /3）259—2014]

第二十条　检修计划管理

（一）各分部、公司各单位应于年底前完成次年的年度一级检修计划的编制，经本单位信息化职能管理部门审核后，由本单位信息系统调度机构上报国网信通部，经批复后方可执行；

（二）各分部、公司各单位应按月编制月度一级检修计划，经本单位信息化职能管理部门审核后，由本单位信息系统调度机构于每月 20 日 17 点前，将次月月度一级检修计划报送国网信通部。

查证及评价方法

查阅检修的申请与审批相关文件和资料。

未按要求履行检修申请与审批，扣 25 分。

3.3.3 检修开始及结束

评分标准

1）检修人员在收到已批准的检修单后，应按照检修单批复的检修时间、技术方案和要求进行开工前的准备工作。在确认具备开工条件后，按所属关系逐级向调控值班员申请开工，得到许可后方可开工。

2）检修人员在确认运行方式已恢复、具备竣工条件后，按所属关系逐级向调控值班员申请结束。调控值班员在确认所有运行方式已恢复、技术指标合格后，方可下令结束。

评价依据

【依据】《国家电网公司电力安全工作规程（电力监控部分）（试行）》

3.3.3 检修工作需其他调度机构配合布置安全措施时，应由工作许可人向相应调度机构履行申请手续，并确认相关安全措施已完成后，方可办理工作许可手续。

3.3.6 填用信息工作票的工作，工作负责人应得到工作许可人的许可，并确认工作票所列的安全措施全部完成后，方可开始工作。

3.3.7 禁止约时开始或终结工作。

3.4.1 工作结束。全部工作完毕后，工作班应删除工作过程中产生的临时数据、临时账号等内容，确认信息系统运行正常，清扫、整理现场，全体工作班人员撤离工作地点。

3.4.2 使用信息工作票的工作，工作负责人应向工作许可人交待工作内容、发现的问题、验证结果和存在问题等，并会同工作许可人进行运行方式检查、状态确认和功能检查，确认无遗留物件后方可办理工作终结手续。

查证及评价方法

查阅检修开始及结束相关文件和资料。

未按要求履行检修开始及结束流程的，每发现一次，扣 5 分。

3.3.4 工作票填报及执行情况

评分标准

检修操作过程要按照工作票的工作内容严格执行；并保障工作票填写规范。

评价依据

【依据】《国家电网公司电力安全工作规程（信息部分）（试行）》《国家电网公司电力安全工作规程（电力通信部分）（试行）》《国家电网公司电力安全工作规程（电力监控部分）（试行）》

3.2.5 工作票的填写与签发。

3.2.5.1 工作票由工作负责人填写，也可由工作票签发人填写。

3.2.5.2 工作票应使用统一的票面格式，采用计算机生成、打印或手工方式填写，至少一式两份。采用手工填写时，应使用黑色或蓝色的钢（水）笔或圆珠笔填写与签发。工作票编号应连续。

3.2.6 工作票的使用。

查证及评价方法

查阅近的工作票。

无工作票，每次扣 10 分；工作票填写不符合规范，每发现 1 个，扣 5 分。

3.4 运行指标

3.4.1–3.4.9 信息运行指标

以上评价项目的查评依据如下：

【依据】《国家电网公司信息通信运行过程评价体系》《国家电网公司网络安全评价指标细则》

3.4.1 信息主机设备运行率

评分标准

主机设备运行率≥ 99.90%。

评价依据

【依据】《国家电网公司信息通信运行过程评价体系》《国家电网公司网络安全评价指标细则》

查证及评价方法

查阅信息系统月报中各项指标的原始记录。

月平均运行率低于 99.90%，每降低 0.01% 扣 1 分。月平均运行率 =1- Σ当月非计划停运时长 / Σ当月运行总时长。

3.4.2 主要信息应用系统运行率

评分标准

主要生产业务应用系统（门户、协同办公、营销等系统）月度平均可用率 99.90%。

评价依据

【依据】《国家电网公司信息通信运行过程评价体系》及《国家电网公司网络安全评价指标细则》制定

查证及评价方法

查阅信息系统月报中各项指标的原始记录。

月平均运行率低于 99.90%，每降低 0.01% 扣 1 分。月平均运行率 =1- Σ当月非计划停运时长 / Σ当月总时长。

3.4.3 信息核心网络运行率

评分标准

广域网、局域网骨干运行率≥ 99.90%。

评价依据

【依据】《国家电网公司信息通信运行过程评价体系》《国家电网公司网络安全评价指标细则》

查证及评价方法

查阅信息系统月报中各项指标的原始记录。

月平均运行率低于 99.90%，每降低 0.01% 扣 1 分。月平均运行率 =1- ∑当月非计划停运时长 / ∑当月运行总时长。

3.4.4　信息核心网络设备运行率

评分标准

核心广域网网络设备、核心局域网网络设备运行率≥ 99.90%。

评价依据

【依据】《国家电网公司信息通信运行过程评价体系》《国家电网公司网络安全评价指标细则》

查证及评价方法

查阅信息系统月报中各项指标的原始记录。

月平均运行率低于 99.90%，每降低 0.01% 扣 1 分。月平均运行率 =（1- ∑当月设备故障时长 / ∑设备数量 × 当月运行总时长）×100%。

3.4.5　信息安全指标

评分标准

1）无账号弱口令。

2）桌面终端防病毒软件安装率 100%。

3）桌面终端管理注册率 100%。

4）不发生内网桌面终端违规外联。

5）信息设备台账准确率 100%。

评价依据

【依据】《国家电网公司信息通信运行过程评价体系》《国家电网公司网络安全评价指标细则》

查证及评价方法

抽查内外网信息系统、服务器设备、终端设备的账号，并检查内外网桌面监管系统中记录；检查 I6000 系统中记录，将信息设备台账信息与实际设备信息进行比对。

弱口令每发现 1 个，扣 1 分；桌面终端防病毒软件安装率低于 100%，每降低 0.05%，扣 1 分；桌面终端管理注册率低于 100%，每减少 0.05%，扣 1 分；内网桌面终端违规外联，每次扣 2 分；信息设备台账准确率低于 100%，每减少 0.05%，扣 1 分。

3.4.6 通信电路月运行率

评分标准

所辖通信电路月运行率应达到规定的考核指标：微波电路运行率≥ 99.95%；光纤电路运行率≥ 99.95%。

评价依据

【依据】《国家电网公司信息通信运行过程评价体系》《国家电网公司网络安全评价指标细则》

查证及评价方法

查阅电网通信月报，查各项指标统计的原始资料和统计方法。

评价期内任一月、任一项月考核指标不合格，指标每降低 0.01%，扣 1 分。

3.4.7 通信设备月运行率

评分标准

所辖通信设备月运行率应达到规定的考核指标：微波设备运行率≥ 99.99%；光纤设备运行率≥ 99.99%；网络设备运行率≥ 99.9%；载波设备运行率≥ 99.99%；行政交

换设备≥ 99.9%；调度交换设备≥ 99.9%。

评价依据

【依据】《国家电网公司信息通信运行过程评价体系》《国家电网公司网络安全评价指标细则》

查证及评价方法

查阅电网通信月报，地区查各项指标统计的原始资料和统计方法。

评价期内任一月、任一项月考核指标不合格，指标每降低 0.01%，扣 2 分。

3.4.8 光缆线路运行率

评分标准

光缆线路运行率≥ 99.9%。

评价依据

【依据】《国家电网公司信息通信运行过程评价体系》《国家电网公司网络安全评价指标细则》

查证及评价方法

查阅电网通信月报，地区查各项指标统计的原始资料和统计方法。

评价期内任一月、任一项月考核指标不合格，指标每降低 0.01%，扣 1 分。

3.4.9 业务保障率

评分标准

调度电话、线路保护及安全稳定信息通道、自动化信息通道保障率 100%。其他通信业务保障率 99.9%。

评价依据

【依据】《国家电网公司信息通信运行过程评价体系》《国家电网公司网络安全评价指标细则》

查证及评价方法

根据系统统计数据或查阅报表。

通信业务保障率 100%，任一项指标每降低 0.01%，扣 5 分。

4　信息系统安全防护

信息系统安全防护主要包括应用系统安全防护、网络安全防护、主机安全防护、数据库安全防护、终端设备及外设、灾备系统、数据安全及移动应用安全防护等七七项内容45项查评内容，查评分共计400分。其中应用系统安全防护包括身份鉴别、访问控制、软件容错、通信完整性、通信保密性、资源控制、安全审计和账号权限8项内容；网络安全防护包括网络拓扑和路由合理性、网络设备身份鉴别、网络访问控制 、网络设备访问安全、网络隔离、互联网出口统一、恶意代码防范、入侵检测/防护、信息网络第三方专线安全和信息网络安全审计10项内容；主机安全防护包括安全加固、操作系统－身份鉴别、操作系统－访问控制、操作系统－访问安全、操作系统－资源控制、操作系统－资源控制、操作系统－安全审计、操作系统－剩余信息保护和漏洞扫描8项内容；数据库安全防护包括安全加固、数据库－身份鉴别、数据库－访问控制、数据库－安全审计、数据库－资源控制和数据库－端口安全6项内容；终端设备及外设包括设备安全、管理系统、网络接入安全、口令安全、防病毒和漏洞管理、应用软件安全和外设安全7项内容；灾备系统包括日常监控、安全管控、系统可靠性和备份与恢复4项内容；数据安全及移动应用安全防护包括数据安全和移动应用安全防护2项内容。

4.1　应用系统安全防护

4.1.1　身份鉴别

评分标准

1）提供独立的登录控制模块或者将登录控制模块集成到统一的门户认证（单点登录）系统中，至少达到以用户名＋静态口令的认证强度，对所有登录用户进行身份鉴别和标识。

2）提供登录失败处理功能，能够在用户登录尝试失败了指定次数后，通过自动退出应用程序、结束会话、断开连接、锁定账号等措施，使一段时间内不能登录。

3）提供对用户身份进行唯一标识的功能，保证不存在重复用户身份标识。

4）采用用户名＋静态口令方式认证的，强制用户在第一次登录系统时修改分发的初始口令，并提供对鉴别用户口令复杂度检查功能。用户口令应符合公司要求。

5）应能够检验用户口令是否过期，并要求对过期的用户口令进行修改。

6）应采用加密方式存储和传输口令。

7）应能在服务端进行身份验证，禁止在客户端进行身份鉴别，确保身份验证信息相关数据的安全性。

评价依据

【依据1】《国家电网公司管理信息系统安全等级保护验收规范》（Q/GDW 595—2011）

5.1.4　应用安全

身份鉴别：提供独立的登录控制模块或者将登录控制模块或集成到统一的门户认证（单点登录）系统中，至少达到以用户名 + 静态口令的认证强度对所有登录用户进行身份鉴别和标识。

提供登录失败处理功能，能够在用户登录尝试失败了指定次数后，通过自动退出应用程序、结束会话、断开连接、锁定账号等措施，使一段时间内不能登录。允许登录失败次数在 20 次以内，登录失效时间至少为 10 分钟。

提供对用户身份进行唯一标识的功能，保证不存在重复用户身份标识，能够对授权用户进行无歧义的标识并将权限等安全属性与用户身份标识正确的关联。

采用用户名 + 静态口令方式认证的，强制用户在第一次登录系统时修改分发的初始口令，并提供对鉴别用户口令复杂度检查功能。

用户口令在至少 8 位；口令由数字、字母混合组成，与用户名不同；应能够检验用户口令是否过期，并要求对过期的用户口令进行修改。

【依据2】《国家电网公司应用软件系统通用安全要求》（Q/GDW 1597—2015）

5.1.1　标识和鉴别

a）应用软件系统应提供专用的或采用统一的登录控制模块对用户进行身份标识和鉴别，鉴别过程应在服务端完成；

b）应用软件系统应提供用户身份标识唯一性检查功能，保证系统中不存在重复标识的用户；

c）应用软件系统不应内置匿名账号，应按实名制原则创建账号，保证账号具有可追溯性；

d）应用软件系统应根据用户账号使用周期分为长期使用账号和临时使用账号；

e）应用软件系统应根据用户账号使用状态分为激活账号、休眠账号和已注销账号；

f）应用软件系统应仅允许授权的管理员配置账号扫描策略，依据策略定期自动扫描账号，并对 3 个月及以上未使用的账号进行锁定或将其转为休眠账号；

g）应用软件系统应提供对用户鉴别信息复杂度进行检查和配置的功能；

h）应用软件系统应禁止用户口令与用户名相同或包含用户名；

i）应用软件系统应保证用户口令长度不小于 8 位字符，应为大写字母、小写字母、数字、特殊字符中三种或三种以上的组合；

g）应用软件系统应强制要求用户定期（至少 3 个月一次）修改口令，且修改前后不能完全一样；

k）应用软件系统应保证使用的一次性动态口令长度至少为 6 位，有效期最长为 6 分钟；

l）应用软件系统应保证使用的数字证书为国家电网公司 CA 系统签发的数字证书或国家权威机构签发的第三方数字证书；

m）应用软件系统应保证使用的图形验证码为随机生成的长度不少于 4 位的字符，应包含字母与数字，并在显示时对其进行扭曲等处理，提高识别的难度；

n）应用软件系统应具备连续登录失败处理机制，对 24 小时内连续登录失败次数达到设定值（应在 1 ～ 10 次之内）的用户账号进行锁定，至少锁定 20 分钟或由授权的管理员解锁；

o）应用软件系统应仅允许授权的管理员对登录失败限制次数和锁定策略进行设置；

p）应用软件系统应为每个用户创建独立且满足复杂度要求的初始口令，并通过邮件或其他安全渠道告知用户；

q）应用软件系统应强制要求新建用户首次登录系统时必须先修改初始口令；

r）应用软件系统应保证除系统管理员外的用户只能修改自己的口令，不能修改其他用户的口令；

s）应用软件系统应保证已登录系统的用户在执行敏感操作时被重新鉴别。

5.1.4　数据完整性

应用软件系统应采用校验码技术或密码技术保证鉴别信息和重要业务数据等敏感信息在传输过程中的完整性。

5.1.5　数据保密性

本项要求包括：

a）应用软件系统应采用密码技术保证鉴别信息和重要业务数据等敏感信息在文件系统、数据库中存储的保密性；

b）应用软件系统应采用密码技术保证鉴别信息和重要业务数据等敏感信息在传输过程中的保密性。

5.6　应用安全基线规范

用户在第一次登录系统时修改分发的初始口令，口令长度不得小于 8 位，且为字母、数字或特殊字符的混合组合，用户名和口令不得相同。

在应用软件的各组成部分中都不能存储和传输明文的口令数据，以及其他可以被利用进行会话重放的信息。

应能在服务端进行身份验证，禁止在客户端进行身份鉴别，确保身份验证信息相关数据的安全性。

查证及评价方法

检查应用系统配置，测试应用系统功能是否符合要求。

未提供独立的登录控制模块或者将登录控制模块集成到统一的门户认证（单点登录）系统中，扣 2 分；未提供登录失败处理功能，扣 3 分；未提供对用户身份进行唯一标识的功能，扣 3 分；未采用用户名 + 静态口令方式认证的，每缺少一项扣 3 分；未强制用户在第一次登录系统时修改分发的初始口令，不符合口令复杂度要求的，每缺少一项扣 3 分；不能检验用户口令是否过期，扣 3 分；未采用加密方式存储和传输口令的，扣 3 分；未能在服务器端实现身份验证的，扣 3 分。

4.1.2 访问控制

评分标准

1）实现完整的访问控制机制，包括访问控制策略和依据策略实施的访问控制功能。访问控制策略能够制定用户对文件、数据库表的访问规则，包括读取、输入、修改、删除等权限。

2）应授予不同账户为完成各自承担任务所需的最小权限，并在它们之间形成相互制约的关系。

3）新建账户时，账户初始权限为一个低权限，删除临时账户和测试账户以及不必需使用的默认账户。必需使用的默认账号，严格其访问权限，并修改默认口令。

4）不内置匿名账户，也不允许匿名用户的登录。

5）应对“;”“/”“?”“‘”“<”“>”等特殊字符进行过滤或转换，限制上传可执行文件、程序、图片、代码等风险数据，应对上传数据的大小进行限制、过滤和病毒查杀。

评价依据

【依据 1】《国家电网公司管理信息系统安全等级保护验收规范》（Q/GDW 595—2011）

5.1.4 应用安全：访问控制实现完整的访问控制机制，包括访问控制策略和依据策略实施的访问控制功能。

【依据 2】《国家电网公司应用软件系统通用安全要求》（Q/GDW 1597—2015）

5.1.2　访问控制

a）应用软件系统应提供专用的或采用统一的权限管理模块实现访问控制功能，并依据安全策略控制用户对客体的访问权限；

b）应用软件系统应仅允许授权的管理员配置访问控制策略，并根据访问控制策略限制用户对客体的访问权限；

c）应用软件系统应仅允许未授权用户具有最低级别的权限，如修改自身信息的权限和有限的查询权限；

d）应用软件系统应设置独立的系统管理员角色、审计管理员角色、业务配置员角色，其中系统管理员角色、审计管理员角色应为系统内置角色；

e）应用软件系统应保证系统管理员角色仅具有用户管理、角色管理、权限管理、配置定制等系统管理权限；

f）应用软件系统应保证审计管理员角色仅具有监控其他各类用户的操作轨迹及对审计数据进行管理、监视和运行维护的权限；

g）应用软件系统应保证业务配置员角色仅具有系统组织架构管理及对各类参数、主数据、功能项等基础配置的权限；

h）应用软件系统应设置独立的业务操作员角色，该类角色为系统的最终业务用户，不具有任何管理权限；

i）在有互斥业务要求的情况下，应用软件系统应保证有互斥业务的权限不能授予同一个业务用户；

j）应用软件系统可设置业务管理员角色和业务审计员角色，其中，业务管理员仅能对业务类用户的权限进行管理，业务审计员仅能够监控业务类用户的操作轨迹及对业务日志进行管理、监视和运行维护操作；

k）应用软件系统应保证不同角色间权限互斥，且不能将不同的角色授予同一用户。

【依据 3】《国家电网公司管理信息系统安全基线要求》（Q/GDW 11445—2015）

4.7.2　安全防护

表 26　应用系统安全防护安全基线要求

要求点	安全基线要求	说明
身份验证	应在应用系统服务端完成身份验证	防止恶意用户修改客户端身份验证信息对应用系统进行破坏
文件交互	应限制可执行文件、程序、图片、代码等文件或代码上传	应对上传数据的大小、类型进行限制、过滤和病毒查杀
字符过滤	应对危险字符进行转码，防止被利用于构建恶意语句	应对“;”“/”“?”“'”“<”“>”等特殊字符进行转换，防止恶意用户通过构造特殊代码进行破坏

续表

要求点	安全基线要求	说明
插件使用	第三方插件应更新到最新版本	应用系统如使用第三方插件，必须与插件供应商最新版本一致并更新补丁
调试信息	应删除调试页面、临时数据	删除调试代码、页面、数据等临时信息
后台管理	应修改并隐藏后台管理页面	隐藏系统后台管理员登录页面，修改后台管理页面文件名
用户敏感信息加密	应对用户敏感信息加密存储及传输	用户敏感信息加密存储数据库并通过 https 等加密传输

查证及评价方法

检查应用系统配置，测试应用系统功能是否符合要求。

未实现完整的访问控制机制，扣 2 分；未实现不同账户权限最小化，扣 2 分；未删除临时账户和测试账户以及不必需使用的默认账户，扣 2 分；内置匿名账户，且允许匿名用户的登录，扣 2 分；未限制特殊字符进行过滤或转换和未对上传数据的大小进行限制、过滤和病毒查杀，扣 2 分。

4.1.3 软件容错

评分标准

1）对通过人机接口输入或通过通信接口输入的数据合法性进行检验，并执行强制的非法数据过滤功能，禁止可能产生危害的数据提交。

2）对用户在客户端输入或导入的数据进行合法性检验，对不合法数据禁止输入系统，提示错误信息。

3）服务器端对将要存储到后台数据库中的数据进行合法性检验，对不合法的数据应该舍弃，并报警。

4）能够允许多用户同时对同一个系统资源进行不相冲突的访问操作，并设定保护措施，防止相互造成的冲突。

5）禁止多个客户端同时执行互斥的操作；在故障发生时，应用系统能够继续提供一部分功能，能够对部分严重故障进行自动处理，采取可能使系统恢复正常状态的行为或保护现存数据安全的行为。

6）定义了分级的系统异常事件，并且根据异常事件的严重程度采用不同的方式进行报警。

评价依据

【依据】《国家电网公司管理信息系统安全等级保护验收规范》（Q/GDW 595—2011）

5.1.4　应用安全

软件容错：对通过人机接口输入或通过通信接口输入的数据合法性进行检验，并执行强制的非法数据过滤功能，禁止可能产生危害的数据提交对用户在客户端输入或导入的数据进行长度、范围、数据类型等属性的合法性进行检验，对不合法的数据应该禁止输入系统，并且提示明确的错误信息在服务器端对将要存储到后台数据库中的数据进行合法性检验，对不合法的数据应该舍弃并报警。

应该能够允许多用户同时对同一个系统资源进行不相冲突的访问操作，并且设定保护措施，防止相互可能造成的冲突。禁止多个客户端用户同时执行互斥的操作。

在故障发生时，应用系统能够继续提供一部分功能，确保能够实施必要的措施。能够对部分严重故障进行自动处理，采取可能使系统恢复正常状态的行为或保护现存数据安全的行为。

定义了分级的系统异常事件，并且根据异常事件的严重程度采用不同的方式进行报警。

查证及评价方法

通过查阅资料，访谈，和实际测试方式检查应用系统的软件容错性。

未对通过人机接口输入或通过通信接口输入的数据合法性进行检验，扣2分；未对用户在客户端输入合法性进行检验，扣1分；未对在服务器端对将要存储到后台数据库中的数据进行合法性检验，扣1分；未设定保护措施，防止相互可能造成的用户访问资源冲突，扣2分；在故障发生时，应用系统不能够继续提供一部分功能，扣2分；未定义分级的系统异常事件，扣2分。

4.1.4　通信完整性

评分标准

保证客户端与服务器之间、本系统服务器之间、本系统与外部系统之间通信过程中的数据完整性，采用密码技术手段来实现（信息内网的通信可不实现此项）。

评价依据

【依据】《国家电网公司管理信息系统安全等级保护验收规范》（Q/GDW 595—2011）

5.1.4 应用安全

通信完整性：保证客户端与服务器之间、本系统服务器之间、本系统与外部系统之间通信过程中的数据完整性，采用校验码技术或同等强度的技术手段来实现。

查证及评价方法

通过查阅资料、访谈和实际测试方式检测通信完整性。

未采取措施保证客户端与服务器之间、本系统服务器之间、本系统与外部系统之间通信过程中的数据完整性扣5分。

4.1.5 通信保密性

评分标准

1）在通信双方建立连接之前，应用系统利用密码技术进行会话初始化验证（部署于信息内网的应用系统、只提供公共信息发布的系统可以不实现此项）。

2）对通信过程中的整个报文或会话过程进行加密（部署于信息内网的应用系统至少对鉴别信息进行加密，只提供公共信息发布的系统可以不实现此项）。

评价依据

【依据】《国家电网公司管理信息系统安全等级保护验收规范》（Q/GDW 595—2011）

5.1.4 应用安全

通信保密性：在通信双方建立连接之前，应用系统利用密码技术进行会话初始化验证（部署于信息内网的应用系统、只提供公共信息发布的系统可以不实现此项）；对通信过程中的敏感信息字段进行加密（部署于信息内网的应用系统至少对鉴别信息如用户口令进行加密，只提供公共信息发布的系统可以不实现此项）。

查证及评价方法

通过查阅资料，访谈，和实际测试方式检测通信保密性。

在通信双方建立连接之前，应用系统未使用密码技术进行会话初始化验证扣3分；

未对通信过程中的整个报文或会话过程进行加密扣 2 分。

4.1.6 资源控制

评分标准

1）若应用系统的通信双方中的一方在一段时间内未作任何响应，另一方能够自动结束会话；终止后的会话无法继续通信，必须经过鉴别认证才能重新初始化新会话。

2）应该提供监视工具，以便实时检测客户端用户的连接状态。

3）应能够对系统的最大并发会话连接数进行限制。

4）提供对单个用户的多重并发会话限制功能，防止单用户会话的重用。确保一个客户端只能有一个用户同时登录到系统中。

5）能够通过客户端 IP 地址等限定用户登录。

评价依据

【依据 1】《国家电网公司管理信息系统安全等级保护验收规范》（Q/GDW 595—2011）

5.1.4 应用安全

资源控制：当应用系统的通信双方中的一方在一段时间内未作任何响应，另一方应能够自动结束会话。终止后的会话无法继续通信，必须经过鉴别认证才能重新初始化新会话。

提供监视工具，以便实时检测客户端用户的连接状态和行为。

提供对单个用户的多重并会话限制功能，防止单用户会话的重用。确保一个客户端只能有一个用户同时登录到系统中，一个用户只允许同时在一个客户端上登录到系统中，能够通过客户端 IP 地址等限定用户登录。

【依据 2】《国家电网公司应用软件系统通用安全要求》（Q/GDW 1597—2015）

5.1.7 会话管理

本项要求包括：

a）应用软件系统应具备会话终止机制，当用户在一段时间内（大于 0 且小于或等于 30 分钟）未作任何响应时，服务端应自动结束会话；

b）应用软件系统应在注销或关闭客户端时自动结束会话；

c）应用软件系统应在用户成功登录后创建新的会话，会话数据应存储在服务端；

d）应用软件系统应对最大并发会话连接数进行限制；

应用软件系统应禁止同一用户重复登录。

5.6 应用安全基线规范

提供并发会话连接数限制的功能，防止系统资源被恶意耗尽。

查证及评价方法

通过查阅资料，实际测试方式检查应用系统的资源控制。

当应用系统的通信双方中的一方在一段时间内未作任何响应，另一方不能够自动结束会话，扣 2 分；未提供监视工具，以便实时检测客户端的连接状态，扣 2 分；未提供对最大并发会话连接数限制的功能，扣 2 分；未提供对单个用户的多重并发会话限制功能，扣 2 分；不能通过客户端 IP 地址等；限定用户登录，扣 2 分。

4.1.7 安全审计

评分标准

1）提供覆盖到每个用户的安全审计功能。并提供对审计数据进行查看、分析的管理工具。

2）审计信息只有管理员或需要访问的特殊用户能够访问；能够对所有与应用本身相关的重要安全事件进行有效记录。

3）对审计事件的记录应该确保可以将每个可审计事件与引起该事件的用户身份相关联。

4）只有管理员账户能够删除审计信息，禁止所有人通过系统修改审计信息。提供对审计数据进行手动或自动备份的工具。

评价依据

【依据】《国家电网公司管理信息系统安全等级保护验收规范》（Q/GDW 595—2011）

5.1.4 应用安全

应用安全——安全审计

提供覆盖到每个用户的安全审计功能。并提供对审计数据进行查看、分析的管理工具，具有根据查询条件对审计数据进行搜索、分类、排序的能力。

能够对所有与应用本身相关的重要安全事件进行有效记录，包括但不限于以下事件：系统管理（用户管理、授权管理等）、配置管理（安全参数的设置和修改）、对审计日志的关键操作、登录和注销成功、登录失败尝试、关键的业务操作。

对审计事件的记录应该确保可以将每个可审计事件与引起该事件的用户身份相关联。审计记录的内容至少包括：事件发生的时间（或时间段）、事件发起用户 ID、用户操作的客户端、事件内容、事件的结果。

只有管理员账户能够删除审计信息，禁止所有人通过系统修改审计信息。提供对审计数据进行手动或自动备份的工具。宜提供对审计数据（日志）的管理工具，允许管理员设定审计日志存储的容量（空间容量、时间上限等）、覆盖规则（复写、停止记录等）。

查证及评价方法

检查应用系统审计功能，查看审计日志是否符合要求。

未提供覆盖到每个用户的安全审计功能，扣 1 分；审计信息不是只有管理员或特殊用户能够访问，扣 1 分；对所有与应用本身相关的重要安全事件进行有效记录，包括但不限于以下事件：系统管理（用户管理、授权管理等）、配置管理、对审计日志的关键操作、登录和注销成功、登录失败尝试、关键的业务操作，每少一项，扣 1 分；对审计事件的记录应该确保可以将每个可审计事件与引起 该事件的用户身份相关联。审计记录的内容至少包括：事件发生的时间（或时间段）、事件发起用户 ID、用户操作的客户端、事件内容、事件的结果，每少一项，扣 1 分；未提供对审计数据进行手动或自动备份的工具，扣 1 分；未提供对审计数据（日志）的管理工具，扣 1 分。

4.1.8 账号权限

评分标准

1）系统管理员账号管理系统不涉及业务数据及系统功能的业务配置员账号及普通用户账号、岗位、角色及权限，系统管理员账号不能查看及操作业务数据。

2）系统审计员账号能够监控其他各类用户的操作轨迹，并用于系统巡检，同时管理、监控系统日志等运行维护操作。

3）业务配置员账号用于系统组织架构、各类参数、主数据、功能项等基础配置。业务配置员账号不能查看及操作业务数据。

4）对于普通用户账号的密码，系统管理员在系统中开通用户账号时自动为用户账号设置一个初始密码，用户初次登录系统时必须修改密码后才能使用系统。

评价依据

【依据】《国家电网公司办公厅关于进一步加强信息系统账号管理工作的通知》[办信通〔2013〕25号]

信息系统账号按照使用角色不同至少可划分为系统审计员账号、系统管理员账号、业务配置员账号、普通用户账号等四类，这四类账号拥有监督者、管理者及使用者等不同角色，权限不重复、不交叉，实现相互制衡。(一)系统审计员账号。能够监控其他各类用户的操作轨迹，并用于系统巡检，同时管理、监控系统日志等运行维护操作；(二)系统管理员账号。系统管理员账号管理系统不涉及业务数据及系统功能的业务配置员账号及普通用户账号、岗位、角色及权限，系统管理员账号不能查看及操作业务数据；(三)业务配置员账号。业务配置员账号用于系统组织架构、各类参数、主数据、功能项等基础配置。业务配置员账号不能查看及操作业务数据；(四)普通用户账号。普通用户账号供信息系统最终用户使用，用户登录系统后按已授权的功能和数据范围进行操作。

第十五条 对于普通用户账号的密码，系统管理员在系统中开通用户账号时自动为用户账号设置一个初始密码，用户初次登录系统时必须修改密码后才能使用系统。

查证及评价方法

检查账户的各个功能权限模块是否符合要求，检查是否允许匿名登录。

系统管理员未正确配置管理权限，扣2分；系统审计员未正确配置权限，扣2分；业务配置员未正确配置权限，扣3分；普通用户不修改初始密码可使用系统，扣3分。

4.2 网络安全防护

4.2.1 网络拓扑和路由合理性

评分标准

1）信息网络结构应合理、层次清晰，广域网和局域网主干应有冗余通道，具备较高的可靠性，能满足业务应用带宽需求。

2）合理设计广域网和局域网的网络路由，网络设备配置合理。

评价依据

【依据】《国家电网公司管理信息系统安全等级保护验收规范》（Q/GDW 595—2011）

5.1.2　结构安全

保证关键网络设备的业务处理能力具备冗余空间，满足业务高峰期需要；

保证接入网络和核心网络的带宽满足业务高峰期需要；

绘制与当前运行情况相符的网络拓扑结构图；

提供关键网络设备、通信线路和数据处理系统的硬件冗余。

查证及评价方法

检查网络拓扑图和网络设备配置信息。

网络拓扑结构不合理，主干网无冗余通道，扣 5 分；路由协议配置不合理，扣 5 分。

4.2.2　网络设备身份鉴别

评分标准

1）对登录网络设备的用户进行身份鉴别。

2）对网络设备的管理员登录地址进行限制。

3）修改默认用户和口令，不得使用缺省口令。

4）口令设置应满足公司要求并定期更换。

5）对口令进行加密存储。

6）配置 CONSOLE 口口令，口令应符合公司要求。

评价依据

【依据 1】《国家电网公司管理信息系统安全等级保护验收规范》（Q/GDW 595—2011）

5.1.2　网络安全－网络设备防护

对登录网络设备的用户进行身份鉴别；

对网络设备的管理员登录地址进行限制；

网络设备用户的标识唯一；

口令必须具有一定强度、长度和复杂度并定期更换，长度不得小于 8 位字符串，要求是字母和数字或特殊字符的混合，用户名和口令禁止相同；

对口令进行加密存储。

【依据 2】《国家电网公司管理信息系统安全基线要求》（Q/GDW 11445—2015）

4.2.1 设备管理

网络设备管理应按照网络设备管理安全基线要求进行防护（见表 3），预防远程访问服务攻击或非授权访问，提高网络设备安全防护能力。

表 3 网络设备设备管理安全基线要求

要求点	安全基线要求	说明
设备命名	应采用唯一标识	按照公司设备标识规范统一网络设备标识，确保网络设备标识唯一，且对设备物理接口明确描述
远程管理	应采用加密的安全方式进行远程管理	采用 SSH 服务代替 Telnet 等明文方式进行远程管理提高设备管理安全性，条件不具备的设备需进行审批并备案
认证方式	应采用本地认证	启用网络设备本地认证
管理地址控制	应配置管理员远程管理 IP 地址访问控制策略	配置访问控制策略，只允许管理员 IP 地址远程管理网络设备
console 口管理	应启用 console 口令认证	配置 console 口令认证策略，口令长度不得小于 8 位，且为字母、数字或特殊字符的混合组合

4.2.2 账户与口令

网络设备应按照网络设备账户与口令安全基线要求进行防护（见表 4），配置用户账户与口令安全策略，防止存在弱口令，提高网络设备账户与口令的安全性。

表 4 网络设备账户与口令安全基线要求

要求点	安全基线要求	说明
初始账户	应修改初始账户与口令，禁止使用	在完成初始配置后应立即修改缺省账户和口令；如账户
口令修改	默认值	名无法修改，必须修改初始口令
口令存储	禁止在设备配置中明文存储口令信息	通过网络设备配置命令对口令进行加密，确保设备配置中不存在明文口令信息
口令复杂度	应满足公司口令复杂度要求。	配置账户口令复杂度，口令长度不得小于 8 位，且为字母、数字或特殊字符的混合组合，账户与口令不得相同
超时退出	应设置账户登录超时退出时间	账户登录超时自动退出时间应为 5 分钟

续表

要求点	安全基线要求	说明
锁定阈值	应启用非法登录次数限制，设置锁定阈值	配置账户登录失败处理功能，限制非法登录次数为5次、锁定时间应20分钟以上
口令周期	应定期修改账户口令	口令至少应每三个月修改一次

查证及评价方法

检查交换机配置和相关资料。

未对登录网络设备的用户进行身份鉴别，扣2分；未对网络设备的管理员登录地址进行限制，扣2分；未修改默认用户和口令，使用缺省口令，扣2分；口令未满足复杂度要求，扣2分；口令未定期更换，扣2分；未对口令进行加密存储，扣2分；CONSOLE口口令未满足复杂度要求，扣2分。

4.2.3 网络访问控制

评分标准

1）在网络边界部署访问控制设备，启用访问控制功能。

2）根据业务应用的访问需要，制定严格的访问控制策略，控制粒度至少为网段级。

3）应使用访问控制列表对源地址、目的地址、源端口、目的端口和协议等进行过滤，以允许/拒绝数据包出入。

评价依据

【依据】《国家电网公司管理信息系统安全等级保护验收规范》（Q/GDW 595—2011）

5.1.2 网络安全

在网络边界部署访问控制设备，启用访问控制功能；

根据业务应用的访问需要，制定严格的访问控制策略，控制粒度至少为网段级；

拨号或VPN等方式接入网络，采用强认证方式，并对用户访问权限进行严格限制，控制粒度至少为用户组，宜为单个用户；

限制具有拨号或VPN访问权限的用户数量。

查证及评价方法

检查网络边界可信接入管理系统配置和日志；检查网络设备配置。

未在网络边界部署访问控制设备，启用访问控制功能，扣5分；访问控制策略粒度未达到网段级，扣5分；未正确配置访问控制列表，扣5分。

4.2.4 网络设备访问安全

评分标准

1）必须设定较为复杂的COMMUNITY控制字段，不使用PUBLIC、PRIVATE等默认字段。

2）禁止正常网络运行、维护所不需要的服务。

3）启用VTYACL、SNMPACL等访问控制功能。

4）如果需要使用SNMP网管协议，应采用安全增强的SNMP V2C及以上版本。

5）具有登录失败处理功能，可采取结束会话、限制非法登录次数和当网络登录连接超时自动退出等措施。

6）当对核心网络设备进行远程管理时，采取必要措施防止鉴别信息在网络传输过程中被窃听，采用HTTPS、SSH等安全远程管理手段。

评价依据

【依据1】《国家电网公司管理信息系统安全等级保护验收规范》（Q/GDW 595—2011）

6.1.2 网络安全－网络设备防护

必须设定较为复杂的Community控制字段，不使用Public、Private等默认字段；

禁止正常网络运行、维护不需要的服务；

启用VTYACL、SNMPACL等访问控制功能；

具有登录失败处理功能，可采取结束会话、限制非法登录次数和当网络登录连接超时自动退出等措施；

当对网络设备进行远程管理时，采取必要措施防止鉴别信息在网络传输过程中被窃听，采用HTTPS、SSH等安全远程管理手段。

【依据2】《国家电网公司管理信息系统安全基线要求》（Q/GDW 11445—2015）

4.2.3 安全防护

网络设备应按照网络设备安全防护安全基线要求进行防护（见表5），通过对网络设备安全配置调整和服务优化，提高网络设备及网络的安全性。

表 5　　　　网络设备安全防护安全基线要求

要求点	安全基线要求	说明
版本信息	应修改设备版本信息默认值	修改设备出厂版本信息，确保在登录界面中不得出现有关网络设备的任何特定信息，包括网络设备名称、单位名称、设备型号、制造商、设备版本、管理员等信息
SNMP 管理	应更改 SNMP Community 的读写值	按照公司口令复杂度要求修改 SNMP Community 读写值，禁止使用 Public、Private 等默认字段
SNMP 版本	应采用较为安全的 SNMP 协议版本	采用安全增强的 SNMP V2C 及以上版本
SNMP 访问控制	应配置 SNMP 访问控制列表	设置 ACL 访问控制列表，仅允许特定的 IP 地址与设备进行数据交互，控制并规范网络访问行为
服务管理	应禁用非必须的服务	启用 SSH 等安全服务，禁止 ftp、tftp、Telnet、http 等高危服务
地址管理	应启用 IP、MAC、物理端口绑定	服务器应采用 IP+MAC+ 交换机物理端口绑定策略
ICMP 服务加强	应启用 ICMP 加强服务	启用 ICMP 流量控制策略

查证及评价方法

检查交换机配置及相关资料。

未设定较为复杂的 COMMUNITY 控制字段，扣 3 分；未禁止正常网络运行、维护所不需要的服务，扣 3 分；未启用 VTYACL、SNMPACL 等访问控制功能，扣 2 分；未采用安全增强的 SNMP V2C 及以上版本，扣 2 分；不具有登录失败处理功能，扣 2 分；当对核心网络设备进行远程管理时，未采取必要措施防止鉴别信息在网络传输过程中被窃听，扣 2 分。

4.2.5　网络隔离

评分标准

1）信息内网、信息外网物理断开或逻辑强隔离（可采用逻辑强隔离装置）。

2）DNS、补丁服务、防病毒等基础服务设施在信息内、外网各独立部署一套。

3）禁止使用远程移动办公系统或明文传送的无线局域网接入信息内网。

评价依据

【依据】《国家电网公司管理信息系统安全等级保护验收规范》(Q/GDW 595—2011)

6.1.2 网络安全——双网隔离

信息内网、信息外网物理断开或强逻辑隔离(可采用正向隔离装置、反向隔离装置或信息安全隔离装置)。

查证及评价方法

检查安全拓扑图,备案等资料,现场检查内、外网连接情况。

信息内、外网未物理断开或强逻辑隔离,不得分;每少一项基础服务设施独立部署,扣2分;禁止使用远程移动办公系统接入信息内网,每发现一处,扣1分;禁止通过明文传输的无线网络接入内网,每处扣1分。

4.2.6 互联网出口统一

评分标准

1)互联网出口纳入省电力公司统一管理,地(市)级公司不得私自设置互联网出口。

2)互联网出口需考虑带宽容量和备用问题,每单位统一集中设置的互联网出口原则上不多于3个。

评价依据

【依据1】《国家电网公司网络与信息系统安全管理办法》[国网(信息/2)401—2018]

第十八条 接入安全管理要求如下:

(一)应严格按照等级保护、安全基线规范以及公司网络安全总体防护方案要求控制网络、系统、设备、终端的接入。

(二)各类网络接入公司网络前,应组织开展网络安全评审,根据其业务需求、防护等级等明确接入区域;应遵照互联网出口统一管理的要求严格控制互联网出口,禁止私建互联网专线。

【依据2】《关于开展信息安全反违章专项行动的通知》[信息运安〔2010〕47号]

1.互联网出口管理：各区域（省）电力公司和公司直属单位要对其所辖范围内的下属单位互联网出口进行排查清理并纳入统一管理，地（市）级公司统一设置本级及下属单位的互联网出口，新的出口不再建设。有条件的区域（省）电力公司要统一设置互联网出口。考虑带宽容量和备用问题，每单位统一集中设置的互联网出口原则上不多于3个。所有出口必须向公司信息化主管部门进行备案后方可使用。

查证及评价方法

查阅资料及现场检查。

发现地（市）级公司私自设置互联网出口，扣10分；未经备案连接互联网的终端设备，每发现一个，扣1分。

4.2.7 恶意代码防范

评分标准

1）应在系统与互联网边界处对恶意代码进行检测和清除。

2）维护恶意代码库的升级和检测系统的更新。

评价依据

【依据】《国家电网公司管理信息系统安全等级保护验收规范》（Q/GDW 595—2011）

5.2.2 网络安全

恶意代码防范：应在与互联网边界处对恶意代码进行检测和清除；维护恶意代码库的升级和检测系统的更新。

查证及评价方法

检查恶意代码防范设备配置及相关日志。

未在与互联网边界处对恶意代码进行检测和清除扣5分；未及时维护恶意代码库扣5分。

4.2.8 入侵检测 / 防护

评分标准

1）应使用入侵检测 / 防护系统在网络边界处监视以下攻击行为：端口扫描、强力攻击、木马后门攻击、拒绝服务攻击、缓冲区溢出攻击、IP 碎片攻击和网络蠕虫攻击等。

2）当检测到攻击行为时，记录攻击源 IP、攻击类型、攻击目的、攻击时间，在发生严重入侵事件时应提供报警。

评价依据

【依据】《国家电网公司管理信息系统安全等级保护验收规范》（Q/GDW 595—2011）

5.2.2 网络安全

6 入侵防范

在网络边界处监视以下攻击行为：端口扫描、木马后门攻击、拒绝服务攻击、缓冲区溢出攻击、IP 碎片攻击和网络蠕虫攻击等恶意攻击。

当检测到攻击行为时，记录攻击源 IP、攻击类型、攻击目的、攻击时间，在发生严重入侵事件时提供报警。

查证及评价方法

查看系统配置和日志。

未部署入侵检测 / 防护系统，扣 10 分入侵检测 / 防护系统配置不完善，扣 5 分；事件日志记录不完整，扣 5 分。

4.2.9 信息网络第三方专线安全

评分标准

信息网络第三方专线应进行统一备案，并进行安全防护。

评价依据

【依据】《国家电网有限公司十八项电网重大反事故措施（修订版）》（国家电网设备〔2018〕979 号）

16.5.2.10　国家电网有限公司应组织对各单位区域范围内的互联网安全及使用情况进行严格管控和集中监控。非集中办公区域应采用电力通信网络通道接入公司内部网络，如确实需要租用第三方专线，应在公司进行备案，并按照总体防护要求采取相应防护措施。

查证及评价方法

检查信息网络第三方专线配置。

第三方专线未进行统一备案，扣3分；第三方专线未进行安全防护，扣2分。

4.2.10　信息网络安全审计

评分标准

1）对网络系统中的网络设备运行状况、网络流量、用户行为等的重要事件进行日志记录。

2）审计记录包括事件的日期和时间、用户、事件类型、事件是否成功及其他与审计相关的信息。

3）网络设备、安全设备使用日志服务器或相关安全系统等存储、管理日志记录。

评价依据

【依据1】《中华人民共和国网络安全法》

第二十一条　（三）采取监测、记录网络运行状态、网络安全事件的技术措施，并按照规定留存相关的网络日志不少于六个月。

【依据2】《国家电网公司管理信息系统安全等级保护验收规范》（Q/GDW 595—2011）

5.1.2　网络安全

安全审计

对网络系统中的网络设备运行状况、网络流量、用户行为等的重要事件进行日志记录；

审计记录包括事件的日期和时间、用户、事件类型、事件是否成功及其他与审计相关的信息；

网络设备、安全设备使用日志服务器或相关安全系统等存储、管理日志记录。

查证及评价方法

检查网络设备配置、系统日志。

未对网络系统中的网络设备运行状况、网络流量、用户行为等的重要事件进行日志记录，扣 4 分；审计记录包括事件的日期和时间、用户、事件类型、事件是否成功及其他与审计相关的信息，每少一项，扣 1 分；网络设备、安全设备未使用日志服务器或相关安全系统等存储、管理日志记录，日志少于 6 个月扣 3 分。

4.3 主机安全防护

4.3.1 安全加固

评分标准

1）信息系统主机投运前进行安全加固。

2）运行人员每日查看主机报警信息，并及时处理。

评价依据

【依据】《国家电网公司信息安全风险评估实施细则》（Q/GDW 1596—2015）

应定期对服务器进行安全漏洞扫描和加固，或采用第三方安全工具增强操作系统的安全性；扫描应当在非关键业务时段进行并制定详细的回退计划，对于扫描发现的漏洞及配置弱点应及时进行处理。

查证及评价方法

检查操作系统配置是否符合要求。

每发现一台主机系统未进行加固，扣 3 分；每发现一条应处理的报警信息未处理，扣 2 分。

4.3.2 操作系统 – 身份鉴别

评分标准

1）对登录操作系统的用户进行身份标识和鉴别。

2）口令设置应符合公司要求；启用本机组策略中“密码必须符合复杂性要求”策略。

3）启用登录失败处理功能，可采取结束会话、限制非法登录次数和自动退出等措施。限制同一用户连续失败登录次数一般不超过5次，锁定时间应20分钟以上。

4）当对服务器进行远程管理时，采取必要措施，防止鉴别信息在网络传输过程中被窃听，可采用SSH等安全的远程管理方式。

5）操作系统的不同用户要分配不同的用户名，确保用户名具有唯一性。

评价依据

【依据】《国家电网公司管理信息系统安全基线要求》（Q/GDW 11445—2015）

4.2.1.2　账户与口令

UNIX类操作系统账户与口令应按照UNIX类操作系统账户与口令安全基线要求进行防护（见表12），配置账户与口令安全策略，防止存在弱口令，提高系统账户与口令安全。

表12　UNIX类操作系统账户与口令安全基线要求

要求点	安全基线要求	说明
帐户权限	应根据数据库、中间件等非操作系统账户的业务需求进行权限设置	将数据库、中间件、FTP等应用的账户权限设置为业务所需最低级别，不应设置为操作系统管理员权限
账户管理	应锁定操作系统自带的非必须账户	应锁定daemon、bin、sys、adm、uucp、nuucp、lpd、imnadm、ldap、lp、snapp、invscout、www、smbnull、iwww、owww、sshd、hpsmh、named、nobody、noaccess、hpdb、useradm默认账户，如业务需求，应进行备案
口令复杂度	应满足公司口令复杂度要求	应通过操作系统配置策略配置账户口令复杂度，口令长度不得小于8位，且为字母、数字或特殊字符的混合组合，账户与口令不得相同
超时退出	应设置账户登录超时退出时间	账户登录超时自动退出时间应为5分钟
锁定阈值	应启用非法登录次数限制，设置锁定阈值	配置账户登录失败处理功能，限制非法登录次数为5次、锁定时间应20分钟以上
账户/口令文件保护	应设置账户/口令文件及目录访问权限	应设置账户/口令敏感文件的保护，如/etc/passwd、/etc/group、/etc/shadow等文件和目录的权限仅管理员可读

续表

要求点	安全基线要求	说明
root 远程登录	应限制 root 远程登录	禁止 root 账户远程登录
口令周期	应定期修改账户口令	口令应至少每三个月修改一次

4.2.2.2 账户与口令

Windows 类操作系统账户与口令应按照 Windows 类操作系统账户与口令安全基线要求进行防护（见表 16），配置账户与口令安全策略，防止存在弱口令，提高系统账户与口令安全。

表 16 Windows 类操作系统账户与口令安全基线要求

要求点	安全基线要求	说明
账户权限	应根据数据库、中间件等非操作系统账户的业务需求进行权限设置	将数据库、中间件、FTP 等应用的账户权限设置为业务所需最低级别，不应设置为操作系统管理员权限
账户管理	应重命名 Administrator 账户名称并禁用无效及闲置账户	Administrator 账户应修改为其他名称，禁用 Guest 账户
口令复杂度	应满足公司口令复杂度要求	修改 Windows 类操作系统“账户策略”中的“密码策略”，口令长度不得小于 8 位，且为字母、数字或特殊字符的混合组合，账户与口令不得相同
超时退出	应设置账户登录超时退出时间	修改 Windows 类操作系统“账户策略”中的“账户锁定策略”，账户登录超时自动退出时间应为 5 分钟，限制非法登录次数为 5 次、锁定时间应 20 分钟以上
登录信息	应禁止显示上次登录账户的账户名	配置安全策略，禁止显示上一账户登录信息
账户 / 口令文件保护	应设置账户 / 口令文件访问权限	不可匿名枚举 SAM 账户
口令周期	应定期修改账户口令	口令应至少每三个月修改一次

查证及评价方法

检查操作系统配置是否符合要求。

未对登录操作系统的用户进行身份标识和鉴别，扣 2 分；口令不满足复杂度要求，扣 2 分；未启用本机组策略设置，扣 2 分；未启用登录失败处理功能，扣 2 分；未采用 SSH 等安全方式进行远程管理，扣 2 分；操作系统未确保用户名具有唯一性，扣 2 分。

4.3.3 操作系统－访问控制

评分标准

1）启用访问控制功能，依据安全策略控制用户对资源的访问，严格设置重要目录、文件的访问权限。

2）如果具有数据库系统，实现操作系统和数据库系统特权用户的权限分离。

3）限制默认账户的访问权限，重命名系统默认账户，修改这些账户的默认口令。

4）及时删除多余的、过期的账户，避免共享账户的存在。

评价依据

【依据】《国家电网公司管理信息系统安全等级保护验收规范》（Q/GDW 595—2011）

5.1.3 主机安全

操作系统安全－访问控制：启用访问控制功能，依据安全策略控制用户对资源的访问，严格设置重要目录、文件的访问权限；

如果具有数据库系统，实现操作系统和数据库系统特权用户的权限分离；严格限制默认账户的访问权限，重命名系统默认账户，修改这些账户的默认口令；及时删除多余的、过期的账户，避免共享账户的存在。

查证及评价方法

登录操作系统查看配置是否符合要求。

未启用访问控制功能，扣2分；如果具有数据库系统，未实现操作系统和数据库系统特权用户的权限分离，扣2分；未限制默认账户的访问权限，或未重命名系统默认账户，未修改这些账户的默认口令，扣3分；未及时删除多余的、过期的账户，扣3分。

4.3.4 操作系统－访问安全

评分标准

1）能够检测对服务器进行入侵的行为，记录入侵的源IP、攻击的类型、攻击的目的、攻击的时间，并在发生入侵事件时提供报警。

2）应能够对重要程序的完整性进行检测，并在检测到完整性受到破坏后具有恢复的措施。

3）仅安装需要的应用程序，关闭业务应用正常运行所不需要的服务和端口。

4）在确保系统稳定运行的基础上，保持操作系统补丁及时得到更新，在信息内网通过手动方式导入并进行分发。

评价依据

【依据】《国家电网公司管理信息系统安全等级保护验收规范》（Q/GDW 595—2011）

5.1.3 主机安全

操作系统安全的入侵防范

能够检测到对重要服务器进行入侵的行为，能够记录入侵的源 IP、攻击的类型、攻击的目的、攻击的时间，并在发生严重入侵事件时提供报警。可以采用网络检测方式；

采用强度高于用户名＋静态口令的认证机制实现用户身份鉴别，宜采用两种或两种以上组合的鉴别技术；

启用访问控制功能，依据安全策略控制用户对资源的访问，严格设置重要目录、文件的访问权限。

查证及评价方法

检查操作系统配置和审计日志，是否符合要求。

审计范围覆盖服务器每个操作系统用户，缺少一个，扣 1 分；审计内容包括重要用户行为、系统资源的异常使用和重要系统命令的使用等系统内重要的安全相关事件，缺少一个事件，扣 1 分；审计记录包括事件的日期、时间、类型、主体标识、客体标识和结果等，每少一项，扣 1 分。

4.3.5 操作系统 - 资源控制

评分标准

1）通过设定终端接入方式、网络地址范围等条件限制终端登录。

2）根据安全策略设置登录终端的空闲超时断开会话或锁定。

3）应限制单个用户对系统资源的最大或最小使用限度。采用磁盘限额等方式限制单个用户对系统资源的最大使用限度。

4）系统磁盘剩余空间足以满足近一段时间的业务需求。

5）对重要服务器进行监视，包括监视服务器的 CPU、硬盘、内存、网络等资源的使用情况。

6）能够对系统的服务水平降低到预先规定的最小值进行监测和报警。

评价依据

【**依据**】《国家电网公司管理信息系统安全等级保护验收规范》（Q/GDW 595—2011）

5.1.3　主机安全

操作系统安全－资源控制：通过设定终端接入方式、网络地址范围等条件限制终端登录；

根据安全策略设置登录终端的空闲超时断开会话或锁定；

应限制单个用户对系统资源的最大或最小使用限度。采用磁盘限额等方式限制单个用户对系统资源的最大使用限度；

系统磁盘剩余空间足以满足近一段时间的业务需求；

对重要服务器进行监视，包括监视服务器的 CPU、硬盘、内存、网络等资源的使用情况；

能够对系统的服务水平降低到预先规定的最小值进行监测和报警。

查证及评价方法

检查主机操作系统和相关资料确定操作系统配置是否符合要求。

未通过设定终端接入方式、网络地址范围等条件限制终端登录，扣 3 分；未根据安全策略设置登录终端的空闲超时断开会话或锁定，扣 3 分；未限制单个用户对系统资源的最大或最小使用限度，扣 2 分；系统磁盘剩余空间不足，扣 2 分；未对重要服务器进行监视，扣 3 分；不能对系统的服务水平降低到预先规定的最小值进行监测和报警，扣 2 分。

4.3.6　操作系统－安全审计

评分标准

1）审计范围覆盖到服务器上的每个操作系统用户。

2）审计内容包括重要用户行为、系统资源的异常使用和重要系统命令的使用等系统内重要的安全相关事件。

3）审计记录包括事件的日期、时间、类型、主体标识、客体标识和结果等。

4）保护审计记录，避免受到未预期的删除、修改或覆盖等。

评价依据

【依据 1】《国家电网公司管理信息系统安全等级保护验收规范》（Q/GDW 595—2011）

5.1.3　主机安全

操作系统安全 – 安全审计

审计范围覆盖到服务器上的每个操作系统用户；

审计内容包括重要用户行为、系统资源的异常使用和重要系统命令的使用等系统内重要的安全相关事件；

审计记录包括事件的日期、时间、类型、主体标识、客体标识和结果等；

保护审计记录，避免受到未预期的删除、修改或覆盖等。

【依据 2】《国家电网公司管理信息系统安全基线要求》（Q/GDW 11445—2015）

日志与审计

UNIX 类操作系统日志与审计应按照 UNIX 类操作系统日志与审计安全基线要求进行配置（见表 14），通过对系统日志进行安全控制和管理，保护日志的安全及有效性。

表 14　　UNIX 类操作系统日志与审计安全基线要求

要求点	安全基线要求	说明
日志开启	应启用日志功能	应记录 authlog、wtmp.log、sulog、failedlogin、authpriv 等基础日志信息
日志保存	应定期备份日志信息或配置日志服务器对日志进行归档	备份日志信息应传输至日志服务器保存，日志信息应至少每月备份一次，应保存 6 个月以上
日志保护	应设置日志文件属性	应设置文件权限属性为 400（管理员账户只读）
日志分析	应定期对日志进行分析并形成审计报告	应每月定期对系统日志进行分析，归类总结各类攻击事件，形成日志审计分析报告并存档

4.4.2.4　日志与审计

Windows 类操作系统日志与审计应按照 Windows 类操作系统日志与审计基线要求进行配置（见表 18），通过对系统日志进行安全控制和管理，保护日志的安全及有效性。

表 18　　Windows 类操作系统日志与审计安全基线要求

要求点	安全基线要求	说明
日志开启	应启用日志功能	启用操作系统日志审计功能，审核账户登录事件应设置为成功与失败、审核账户管理应设置为成功与失败、审核目录服务访问应设置为成功、审核策略更改应设置为成功与失败、审核系统事件应设置为成功
日志保存	应设置操作系统日志文件大小，定期备份日志信息或配置日志服务器对日志进行归档	应用、安全、系统等日志文件大小应设置为 50M 以上，日志文件应传输至日志服务器保存，日志文件应至少每月备份一次，应保存 6 个月以上
日志分析	应定期对日志进行分析并形成审计报告	应每月定期对系统日志进行分析，归类总结各类攻击事件，形成日志审计分析报告并存档

查证及评价方法

检查操作系统配置和审计日志，是否符合要求。

审计范围覆盖服务器每个操作系统用户，缺少一个，扣 1 分；审计内容，每少一个，扣 1 分；审计记录，每少一项，扣 1 分；未保护审计记录，受到未预期的删除、修改或覆盖，扣 2 分。

4.3.7　操作系统 – 剩余信息保护

评分标准

1）保证操作系统用户的鉴别信息所在的存储空间，被释放或再分配给其他用户前得到完全清除，无论这些信息是存放在硬盘上还是在内存中。

2）确保系统内的文件、目录和数据库记录等资源所在的存储空间，被释放或重新分配给其他用户前得到完全清除。

评价依据

【依据】《国家电网公司管理信息系统安全等级保护验收规范》（Q/GDW 595—2011）

5.1.3　主机安全

操作系统安全 – 剩余信息保护：保证操作系统用户的鉴别信息所在的存储空间，被释放或再分配给其他用户前得到完全清除，无论这些信息是存放在硬盘上还是在内存中；确保系统内的文件、目录和数据库记录等资源所在的存储空间，被释放或重新分配给其他用户前得到完全清除。

查证及评价方法

检查操作系统配置及相关日志。

被释放或重新分配前，未完全清除操作系统用户的鉴别信息所在的存储空间，扣 3 分；被释放或重新分配前，未完全清除系统内的文件、目录和数据库记录等资源所在的存储空间，扣 2 分。

4.3.8 漏洞扫描

评分标准

1）使用 Web 应用安全检查系统扫描 Web 应用系统，查看是否存在漏洞；

2）使用漏洞扫描设备开展漏洞扫描，查看是否存在漏洞。

评价依据

【依据】《信息安全技术督查规范作业手册》

第四部分 应用及数据安全

（一）使用 Web 应用安全检查系统扫描 Web 应用系统，查看是否存在漏洞。

查证及评价方法

查看漏洞扫描记录和加固修复记录。

缺一次定期扫描扣 3 分；缺一处加固修复扣 2 分。

4.4 数据库安全防护

4.4.1 安全加固

评分标准

1）数据库投运前进行安全加固。

2）运行人员每日查看数据库报警信息，并及时处理。

评价依据

【依据】《国家电网公司信息安全风险评估实施指南》

5.2.7　安全加固

信息安全风险评估的最终目的是提高信息系统的安全防护能力，因此安全建议提出后，被评估单位必须采取措施将建议内容付诸实施，进行信息系统安全加固，以达到评估的最终目的。

安全加固是国家电网公司根据评估结论对信息安全保障体系开展的改进与完善工作，在安全加固后，应该通过对关键环节进行二次评估的方式，验证加固效果。二次评估后，应出具加固情况的检查报告。

查证及评价方法

检查数据库系统配置是否符合要求。

每发现一个数据库系统未进行加固，扣3分；每发现一条应处理的报警信息未处理，扣2分。

4.4.2　数据库－身份鉴别

评分标准

1）对登录数据库系统的用户进行身份标识和鉴别。

2）口令必须满足复杂度要求。

3）启用登录失败处理功能限制同一用户连续失败登录次数。

4）采用强度高于用户名＋静态口令的认证机制实现用户身份鉴别。

评价依据

【依据】《国家电网公司管理信息系统安全等级保护验收规范》（Q/GDW 595—2011）

5.1.3　主机安全

数据库安全－身份鉴别

对登录数据库系统的用户进行身份标识和鉴别；

口令必须具有一定强度、长度和复杂度并定期更换，长度不得小于8位字符串，要求是字母和数字或特殊字符的混合，用户名和口令禁止相同；

使用用户名+静态口令认证方式的数据库系统，通过口令策略配置加强口令强壮性；

启用登录失败处理功能，可采取结束会话、限制非法登录次数和自动退出等措施。限制同一用户连续失败登录次数一般不超过20次；

为数据库系统的不同用户分配不同的用户名，确保用户名具有唯一性。

查证及评价方法

检查数据库配置是否符合要求。

未对登录数据库用户进行身份标识和鉴别，扣2分；口令不满足要求，扣2分；未启用登录失败处理功能，扣2分；未采用强度高于用户名+静态口令的认证机制实现用户身份鉴别，扣2分。

4.4.3 数据库 – 访问控制

评分标准

1）启用访问控制功能，依据安全策略控制用户对资源的访问。

2）应根据管理用户的角色分配权限，实现管理用户的权限分离，仅授予管理用户所需的最小权限。

3）严格限制默认账户的访问权限，重命名系统默认账户，修改这些账户的默认口令。

4）及时删除多余的、过期的账户，避免共享账户的存在。

评价依据

【依据】《国家电网公司管理信息系统安全等级保护验收规范》（Q/GDW 595—2011）

5.1.3 主机安全

数据库安全 – 访问控制

启用访问控制功能，依据安全策略控制用户对资源的访问；

限制默认账户的访问权限，重命名系统默认账户，修改这些账户的默认口令；

及时删除多余的、过期的账户，避免共享账户的存在。

查证及评价方法

检查数据库配置是否符合要求。

未启用访问控制功能，扣 2 分；未根据管理用户的角色分配权限，扣 2 分；未严格限制默认账户的访问权限，扣 3 分；未及时删除多余的、过期的账户，扣 3 分。

4.4.4　数据库 – 安全审计

评分标准

1）审计范围覆盖到每个数据库系统的用户。

2）审计内容包括重要用户行为、系统资源的异常使用和重要系统命令的使用等系统内重要的安全相关事件。

3）审计记录包括事件的日期、时间、类型、主体标识、客体标识和结果等。

4）能够根据记录数据进行分析，并生成审计报表。

5）保护审计进程，避免受到未预期的中断。

6）保护审计记录，避免受到未预期的删除、修改或覆盖等。

评价依据

【依据】《国家电网公司管理信息系统安全等级保护验收规范》（Q/GDW 595—2011）

5.1.3　主机安全

数据库安全 – 安全审计

审计范围覆盖到每个数据库系统的用户；

审计内容包括重要用户行为、系统资源的异常使用和重要系统命令的使用等系统内重要的安全相关事件；

审计记录包括事件的日期、时间、类型、主体标识、客体标识和结果等；

能够根据记录数据进行分析，并生成审计报表；

保护审计进程，避免受到未预期的中断；

保护审计记录，避免受到未预期的删除、修改或覆盖等。

查证及评价方法

检查数据库配置和审计日志是否符合要求。

审计范围覆盖每个数据库系统的用户，缺少一个，扣1分；审计内容，缺少一项，扣1分；审计记录，缺少一项，扣1分；未根据记录数据进行分析，生成审计报表，扣2分；未保护审计进程，扣2分；未保护审计记录，受到未预期的删除、修改或覆盖，扣1分。

4.4.5 数据库－资源控制

评分标准

1）通过设定终端接入方式、网络地址范围等条件限制终端登录。

2）根据安全策略设置登录终端的操作超时退出。

3）检查表空间的利用率和扩展方式，表空间的利用率不能超过90%，并可以自动采集扩展。

4）遵循最小安装的原则，仅安装需要的组件和应用程序，仅开启必需的服务。

评价依据

【依据】《国家电网公司信息安全风险评估实施细则》（Q/GDW 1596—2015）

A.2.7.2-5

a）应通过设定终端接入方式、网络地址范围等条件限制终端登录；

b）应根据安全策略设置登录终端的操作超时锁定；

c）应对重要数据库的表空间、磁盘空间等资源的使用状况进行监测，并能够对系统服务水平降低到预定的最小值进行检测和报警。

查证及评价方法

检查数据库安全配置是否符合要求。

未根据网络地址限制终端对数据库的访问，扣2分；未设置终端超时退出，扣2分；未配置可自动采集扩展或利用率不超过90%，扣2分；存在不必要的组件和应用程序，扣2分。

4.4.6 数据库－端口安全

评分标准

在不影响应用的情况下，更改数据库默认端口。

评价依据

【依据】《国家电网公司管理信息系统安全基线要求》（Q/GDW 11445—2015）

4.5.2　安全防护

数据库安全防护应按照数据库安全防护安全基线要求进行防护（见表20），通过对数据库系统安全配置参数调整，提高数据库系统安全性。

表20　数据库安全防护安全基线要求

要求点	安全基线要求	说明
服务监听端口	应更改默认端口	在不影响应用的情况下，应修改默认端口TCP1521、TCP1433、TCP3306

查证及评价方法

打开数据库配置文件，查看默认端口号。

是否修改。未更改数据库默认端口，扣2分。

4.5　终端设备及外设

4.5.1　设备安全

评分标准

1）计算机终端应贴有与国网信息安全备案编码一致的标签，并应与终端台账中所列配置相符，资产台账中明确记录资产的物理位置。

2）每个终端明确其责任人，未经管理员授权，个人不得私自拆卸、更换计算机硬件部件。

评价依据

【依据】《国家电网公司办公计算机信息安全管理办法国网》[（信息/3）255—2014]

第十条　加强办公计算机信息安全管理：

（一）办公计算机、外设及软件安装情况要登记备案并定期进行核查，信息内外网办公计算机要明显标识。

查证及评价方法

现场检查计算机终端和台账。

计算机终端未贴有国网信息安全备案标签按比例扣分；终端未明确其责任人按比例扣分。

4.5.2 管理系统

评分标准

桌面终端管理系统部署基线策略：补丁检测更新、级联管理策略、违规外联策略、用户密码策略、杀毒软件策略、移动存储策略、硬件资源策略、注册统计策略、资产管理策略、资产信息采集、用户权限策略。

评价依据

【依据】《国家电网公司办公计算机信息安全管理办法国网》[（信息/3）255—2014]

第十一条 公司各级单位要使用公司统一推广的计算机桌面终端管理系统，加强对办公计算机的安全准入、补丁管理、运行异常、违规接入安全防护等的管理，部署安全管理策略，进行安全信息采集和统计分析。

查证及评价方法

查看系统配置。

一条策略配置不完善，扣1分。

4.5.3 网络接入安全

评分标准

1）采用IP与MAC地址绑定等措施对桌面终端进行接入控制。

2）不得私自架设网络设备（交换机、无线路由器等）。

3）内网计算机终端严禁违规外联。

4）外网网口插座应贴有明显警示标识。

评价依据

【依据】《国家电网公司办公计算机信息安全管理办法国网》[(信息/3) 255—2014]

第十条 加强办公计算机信息安全管理：

(二) 严禁办公计算机“一机两用”(同一台计算机既上信息内网，又上信息外网或互联网)；

(三) 信息内网办公计算机不能配置、使用无线上网卡等无线设备，严禁通过电话拨号、无线等各种方式与信息外网和互联网络互联，应对信息内网办公计算机违规外连情况进行监控；

(四) 公司办公区域内信息外网办公计算机应通过本单位统一互联网出口接入互联网；严禁将公司办公区域内信息外网办公计算机作为无线共享网络节点，为其他网络设备提供接入互联网服务，如通过随身 Wifi 等为手机等移动设备提供接入互联网服务；

(五) 接入信息内外网的办公计算机 IP 地址由运行维护部门统一分配，并与办公计算机的 MAC 地址进行绑定。

查证及评价方法

现场检查计算机终端配置和网口标识。

一台终端私自设置 IP 地址，扣 1 分；私自架设一台网络设备，扣 5 分；发生内网计算机终端违规外联，扣 10 分；一处外网网口插座未贴有明显警示标识，扣 1 分。

4.5.4 口令安全

评分标准

1) 计算机终端必须设置开机口令和屏保密码。

2) 口令设置应符合公司要求，避免使用个人生日、电话号码等相关数据作为口令。

3) 屏保密码自动锁定时间应设置在 5 分钟以内。

评价依据

【依据】《国家电网公司办公计算机信息安全管理办法》[(信息/3) 255—2014]

规范账号口令管理，口令必须具有一定强度、长度和复杂度，长度不得小于 8 位字符串，要求是字母和数字或特殊字符的混合，用户名和口令禁止相同。定期更换口令，更换周期不超过6个月，重要系统口令更换周期不超过3个月，最近使用的4个口令不可重复。

查证及评价方法

现场检查计算机终端配置。

一台计算机终端未设置开机口令，扣1分；一台终端口令设置不符合要求，扣1分；一台终端屏幕保护设置不符合要求，扣1分。

4.5.5 防病毒和漏洞管理

评分标准

1）必须统一安装防病毒软件，并开启防病毒和防恶意软件功能。

2）使用人应确保防病毒软件定期进行系统扫描，并不得终止定期扫描。

3）终端应开启补丁自动更新功能并安装系统补丁；如自动更新不成功，应手动安装补丁。

评价依据

【依据】《国家电网公司网络与信息系统安全管理办法》

信息内外网办公计算机终端须安装桌面终端管理系统、保密检测系统、防病毒等客户端软件，严格按照公司要求设置基线策略，并及时进行病毒库升级以及补丁更新。

加强恶意代码及病毒防范管理，加强对特种木马的监测，确保客户端防病毒软件全面安装，严格要求内网病毒库的升级频率，加强病毒监测、预警、分析及通报力度。对使用的移动设备必须进行病毒木马查杀。

查证及评价方法

现场检查计算机终端配置。

一台计算机终端未安装防病毒软件，扣2分；一台计算机终端未定期进行系统病毒扫描，扣2分；一台计算机终端未开启补丁自动更新功能，扣1分。

4.5.6 应用软件安全

评分标准

1）计算机终端必须安装桌面终端管理软件，且注册信息与本机实际使用情况一致。

2）终端上禁止安装与工作无关的软件。

3）内网计算机禁止开启文件共享。

评价依据

【依据】《国家电网公司办公计算机信息安全管理办法国网》[（信息/3）255—2014]

办公计算机不得安装、运行、使用与工作无关的软件，不得安装盗版软件。

查证及评价方法

现场检查计算机终端配置。

一台计算机终端未安装桌面终端管理软件，扣2分；注册信息与本机实际使用情况不一致，扣1分；一台计算机终端安装与工作无关的软件，扣1分；一台计算机终端开启文件共享，扣1分。

4.5.7 外设安全

评分标准

1）严禁普通移动存储介质和扫描仪、打印机等计算机外设在信息内网和信息外网上交叉使用。

2）严禁将涉及国家秘密的计算机、存储设备与信息内外网和其他公共信息网络连接。

评价依据

【依据2】《国家电网公司办公计算机信息安全管理办法国网》[（信息/3）255—2014]

第十二条 严禁扫描仪、打印机等计算机外设在信息内网和信息外网上交叉使用；

严禁采用非公司安全移动存储介质拷贝信息内网信息。

第十六条 加强安全移动存储介质管理：

（一）公司安全移动存储介质主要用于涉及公司企业秘密信息的存储和内部传递，也可用于信息内网非涉密信息与外部计算机的交互，不得用于涉及国家秘密信息的存储和传递；

（二）禁止将安全移动存储介质中涉及公司企业秘密的信息拷贝到信息外网或外部存储设备。

查证及评价方法

现场检查计算机外设。

每发现一台违规外设，扣1分。

4.6 灾备系统

4.6.1 日常监控

评分标准

实时监控信息系统及基础环境的运行状态，监控内容包括：数据中心网络、主机、数据库、虚拟资源、数据库复制、存储复制、安全设备、桌面终端、机房环境等运行状态，日常监控系统应包括如下模块：灾备综合监管、灾备专项（存储/数据库）管理、机房环境监控、告警监管等。

评价依据

【依据】《国网信通部关于印发公司信息系统灾备调度运行管理规范的通知》（信通运行〔2016〕82号）

第四十四条 监控管理

（二）日常监控的工作内容包括监控阈值制定，机房运行环境与软硬件设备的连续监控、异常情况的汇报等工作。被灾备单位应监控生产端、灾备端调管范围内的灾备系统运行状况。数据库、存储设备、安全设备、负载均衡设备 备份设备、DNS应用、资源池、业务应用、应用软件、平台软件、操作系统、虚拟应用、数据库复制软件、存储复制软件、应用同步软件、灾难切换软件、机房运行环境等。

（三）监控内容应包括硬件设备运行状态与容量状态，虚拟主机的运行与容量状态，应用软件、平台软件、操作系统与数据库的运行状态、数据库复制与存储复制进程运行状态、存储复制日志卷使用情况、应用同步软件的进程运行状态、软硬件设备的告警信息、机房运行环境指标等。

查证及评价方法

登陆监控系统现场检查。

每缺少一个模块扣 3 分。

4.6.2 安全管控

评分标准

安全管控方面包括：网络分区清晰合理，网络边界防护设备存在并工作正常，内网接入具备保护措施，内外网严格隔离，重要网络区域安全监测措施，网络病毒、木马防护措施更新到位，日志审计措施。应用级灾备的环境支撑安全：统一身份管理和身份认证、Web 安全。

评价依据

【依据】《国家电网公司集中式容灾中心安全体系设计方案》标准进行查验。

查证及评价方法

通过实际操作验证。

多业务存在于一个网络分区内，扣 1 分；网络边界无防护，扣 2 分；网络接入管理制度不完善，扣 2 分；安全设备无作用，扣 2 分；防病毒客户端超过一周未更新，扣 1 分；应用级灾备无安全认证或无 Web 安全措施，扣 2 分；日志少于 6 个月，扣 2 分。

4.6.3 系统可靠性

评分标准

1）SAN 网络采用双 FABRIC 结构。

2）位于内置硬盘上需要进行存储虚拟化复制的数据，全部迁移到外置存储上。未被虚拟化存储分配端口比例为 2:1 或 1:1。未被虚拟化存储分配的缓存容量必须等于或大于原存储设备缓存容量。

评价依据

【依据】《国家电网公司集中式信息系统容灾范围及关键技术》标准进行查验。

查证及评价方法

登录设备进行查看。

出现一项不符，扣 1 分。

4.6.4 备份与恢复

评分标准

1）能够对重要信息进行备份和恢复。

2）提供关键服务器的硬件冗余，保证系统的可用性。

3）备份介质存放环境的安全。

4）备份介质日常管理的相关记录。

5）数据备份策略合理性。

评价依据

【依据 1】《国家电网公司网络与信息系统安全管理办法》[国网（信息 /2）401—2018]

第二十七条 按照数据重要程度分类，明确备份及恢复策略，严格控制数据备份和恢复过程，对重要数据进行容灾备份。

【依据 2】《国家电网公司信息安全风险评估实施指南》

6.2.5 数据安全

备份和恢复

提供本地数据备份与恢复功能，完全数据备份至少每天一次，备份介质场外存放。

提供异地数据备份功能，利用通信网络将关键数据定时批量传送至备用场地。

提供主要服务器的硬件冗余，保证系统的高可用性。

查证及评价方法

通过查阅资料、访谈和实际测试方式检查数据备份情况是否符合要求。

不能对重要信息进行备份和恢复，扣2分；未提供关键服务器的硬件冗余，扣2分；不能保证备份介质存放环境的安全，扣2分；无备份介质日常管理的相关记录，扣2分；无数据备份策略或策略不符合业务部门要求，扣2分。

4.7 数据安全及移动应用安全防护

4.7.1 数据安全

评分标准

1）未经国家电网公司批准，禁止向系统外部单位提供涉密数据和重要数据，禁止将相关业务系统托管于外单位。

2）对于需要利用互联网企业渠道发布客户的业务信息，应采用符合国家电网公司安全防护要求的数据交互方式，并经必要的安全专家委审查和国家电网公司安全检测机构测评。

3）数据恢复、擦除与销毁工作中所使用的设备应具有国家权威认证机构的认证。对于本单位无法通过技术手段进行电子数据恢复、擦除与销毁的情况，可委托国家电网公司其他具备技术条件的单位或信息安全实验室处理。

评价依据

【依据1】《国家电网公司网络与信息系统安全管理办法》[国网（信息/2）401—2018]

第二十一条 应采取权限控制、安全加密、数字签名、安全审计、数据脱密、脱敏等技术措施，确保数据在产生、收集、传输、存储、处理、销毁等全环节的安全。

第二十五条 加强数据在对外提供过程中的安全管理：

（一）应通过签订合同、保密协议、保密承诺书等方式，确保内外部合作单位和供应商的数据安全管控。严禁外部合作单位、技术支持单位和供应商在对互联网提供服务的网络和信息系统中存储或运行公司商业秘密数据和重要数据。

（二）未经公司批准，禁止向系统外部单位提供公司的商业秘密数据和重要数据。对于需要利用互联网企业渠道发布社会用户的业务信息，应采用符合公司要求的数据交互方式，并通过公司测评和审查。严格禁止在互联网企业平台存储公司重要数据。

【依据2】《国家电网公司关于进一步加强数据安全工作的通知》（国家电网信通〔2017〕515号）

三、落实数据安全管理要求

（三）切实做好数据安全管理

4. 加强社会第三方数据使用管理

未经公司批准禁止向系统外部单位（如互联网企业、外部技术支持单位等）提供公司的涉密数据和重要数据，禁止将企业相关业务系统部署于公网或托管于外单位。对于需要利用互联网企业渠道发布社会用户的业务信息，应采用符合公司安全防护方案的数据交互方式，并经安全专家委审查和公司安全检测机构测评。未经公司批准禁止在互联网企业平台（包括第三方云平台）存储公司重要数据。

【依据3】《国网办公厅关于规范电子数据恢复、擦除与销毁工作的通知》（办信通〔2014〕54号）

二、落实电子数据恢复、擦除与销毁工作要求

4. 对于本单位无法通过常规技术手段进行电子数据恢复、擦与销毁的情况，可委托公司其他具备技术条件的单位或信息安实验室处理。目前公司已有试点单位建立相关技术措施，可选择具备相应业务的单位进行电子数据恢复、擦除与销毁处理。

查证及评价方法

通过查阅资料和访谈，检查数据安全防护情况是否符合要求。

未按要求向系统外部单位提供涉密数据和重要数据的，扣2分；数据交互方式未经安全专家委审查和国网公司安全检 测机构测评的，扣1分；数据恢复、擦除与销毁不满足公司要求的，扣2分。

4.7.2 移动应用安全防护

评分标准

1）内网移动作业终端（如运维检修、营销作业、物资盘点）应采用国家电网公司自建无线专网或统一租用的虚拟专用无线公网（APN+VPN），通过内网安全接入平台进行统一接入防护与管理；外网移动作业终端（如配网抢修）、互联网移动服务终端（如掌上电力、国网商城、互联网金融、车联网服务）应采用信息外网安全交互平台进行统一接入防护。

2）移动作业终端应部署用户身份认证、数据保护等安全措施，外网作业终端禁止存储国家电网公司商业秘密。内外网移动作业终端仅允许安装移动作业所必须的应用程序，不得擅自卸载更改安全措施。移动作业终端应安装国家电网公司指定的安全专控软件，开展漏洞扫描和安全加固，并对终端外设的使用情况、运行状态、违规行为等进行监控。

3）移动应用应开展第三方安全测评并落实版本管理，应用发布后应开展安全监测备份介质存放环境的安全。

评价依据

【依据】《国家电网有限公司十八项电网重大反事故措施（修订版）》（国家电网设备〔2018〕979 号）

16.5.2.12　内网移动作业终端（如运维检修、营销作业、物资盘点）应采用公司自建无线专网或统一租用的虚拟专用无线公网（APN+VPN），通过内网安全接入平台进行统一接入防护与管理；外网移动作业终端（如配网抢修）、互联网移动服务终端（如掌上电力、国网商城、互联网金融、车联网服务）应采用信息外网安全交互平台进行统一接入防护。

16.5.2.13　移动作业终端应部署用户身份认证、数据保护等安全措施，保护重要业务数据的保密性和完整性，外网作业终端禁止存储公司商业秘密。内外网移动作业终端仅允许安装移动作业所必须的应用程序，不得擅自卸载更改安全措施。严禁移动作业终端用于公司生产经营无关的业务。移动作业终端应安装公司指定的安全专控软件，开展漏洞扫描和安全加固，并对终端外设的使用情况、运行状态、违规行为等进行监控。移动应用应加强统一防护，落实统一安全方案审核，基于公司移动互联应用支撑平台建设并通过内外网移动门户统一接入，开展第三方安全测评并落实版本管理，应用发布后应开展安全监测。

查证及评价方法

通过查阅拓扑图、访谈等方式检查内外网移动应用是否符合要求。

内外网移动作业终端未按要求接入，扣 2 分；移动作业终端未部署安全措，施，扣 1 分；未按要求安装专控软件，漏洞扫描和安全加固，扣 1 分；未按要求开展第三方安全测评和版本管理，扣 1 分。

5　电力监控系统安全防护

电力监控系统安全防护主要包括网络设备、专用安全防护设备、操作系统、关系数据库、智能电网调度控制系统及应用等五部分 29 项查评内容，查评分共计 400 分。其中网络设备包括设备管理、用户和口令、网络服务、安全防护、日志与审计 5 项内容；专用安全防护设备包括设备管理、用户与口令、安全策略和专用安全防护设备日志审计 4 项内容；操作系统包括配置管理、网络管理、接入管理、日志与审计 4 项内容；关系数据库包括用户管理、口令管理、数据库操作权限、数据库访问最大连接数管理、日志管理、安装管理、文件及程序代码管理 7 项内容；智能电网调度控制系统及应用包括特权账户控制、操作权限、实时数据库修改权限、口令管理、用户双因子认证、登录控制、监控责任区、控制功能、测试验证系统 9 项内容。

特别说明：5.1 ～ 5.4 适用于 1、2 区的系统，5.5 只用于 D5000，OMS 适用于 5.4。

5.1　网络设备

5.1.1　设备管理

评分标准

1）远程登录应使用 SSH 协议，禁止使用 TELNET、RLOGIN 其他协议远程登录。

2）配置访问控制列表，只允许必需的地址能访问网络设备管理服务（SSH 和 SNMP 服务）。

3）CONSOLE 口或远程登录后超过 5 分钟无动作应自动退出。

评价依据

【依据】《电力监控系统安全防护标准化管理要求》（调自〔2016〕102 号）

2.1.1　本地管理

【安全要求】对于通过本地 Console 口进行维护的设备，设备应配置使用用户名和口令进行认证。

【配置要求】人员本地登录应通过 Console 口输入用户名和口令。

2.1.2　远程管理

【安全要求】对于使用IP协议进行远程维护的设备，设备应配置使用SSH等加密协议，采用SSH服务代替telnet实施远程管理，提高设备管理安全性。

【配置要求】人员远程登录应使用SSH协议，禁止使用telnet、rlogin其他协议远程登录。

2.1.3　限制IP访问

【安全要求】公共网络服务SSH、SNMP默认可以接受任何地址的连接，为保障网络安全，应只允许特定地址访问。

【配置要求】配置访问控制列表，只允许网管系统、审计系统、主站核心设备地址能访问网络设备管理服务。SSH和SNMP地址不同时应启用不同的访问控制列表。

2.1.4　登录超时

【安全要求】应配置账户超时自动退出，退出后用户需再次登录才能进入系统。

【配置要求】Console口或远程登录后超过5分钟无动作应自动退出。

查证及评价方法

检查网络设备配置及相关资料。

远程登录未使用SSH协议，扣4分；开启了TELNET、RLOGIN其他协议远程登录，扣2分；未按照要求对公共网络服务（SSH和SNMP）进行IP访问限制，扣2分；CONSOLE口或远程登录后未配置账户超时自动退出，扣4分，超时时间大于5分钟扣2分。

5.1.2　用户和口令

评分标准

1）密码强度采用技术手段予以校验通过。要求长度不能小于8位，数字、字母和特殊字符的混合，不得与用户名相同。

2）对密码进行加密存储。

3）密码应定期更换。

评价依据

【依据】《电力监控系统安全防护标准化管理要求》（调自〔2016〕102号）

2.2.1　密码认证登录

【安全要求】通过控制台和远程终端登录设备，应输入用户名和口令，口令长度不能小于 8 位，要求是数字、字母和特殊字符的混合，不得与用户名相同。口令应 3 个月定期更换和加密存储。

【配置要求】配置只有使用用户名和密码的组合才能登录设备，密码强度采用技术手段予以校验通过，并对密码进行加密存储、定期更换。

查证及评价方法

检查网络设备配置及相关资料。

密码强度不符合要求，扣 4 分；未对密码进行加密存储，扣 3 分；密码未定期更换，扣 3 分。

5.1.3 网络服务

评分标准

1）禁用不必要的公共网络服务。

2）网络服务只允许开放 SNMP、SSH、NTP 等必须的服务，并采取必要的访问控制策略。

评价依据

4《电力监控系统安全防护标准化管理要求》（调自〔2016〕102 号）

2.3 网络服务

【安全要求】禁用不必要的公共网络服务；网络服务采取白名单方式管理，只允许开放 SNMP、SSH、NTP 等特定服务。

查证及评价方法

检查网络设备配置及相关资料。

未禁用 TCP SMALL SERVERS、UDP SMALL SERVERS、HTTP SERVER、BOOTP SERVER 等公共网络服务，扣 3 分；未关闭 DNS 查询功能，或要使用该功能，但未显示配置 DNS SERVER，扣 3 分；网络服务未采取必要的访问控制策略，扣 4 分。

5.1.4 安全防护

评分标准

1）应修改缺省 BANNER 语句。

2）应设置 ACL 访问控制列表，控制并规范网络访问行为（适用于调度数据网设备）。

3）应关闭交换机、路由器上不使用的端口。

4）应绑定 IP、MAC 和端口。

5）调度数据网网络设备的安全配置，应启用 OSPF MD5 认证，禁用重分布直连，禁用默认路由，关闭网络边界 OSPF 路由功能。

评价依据

【依据】《电力监控系统安全防护标准化管理要求》（调自〔2016〕102 号）

2.4.1　BANNER

【安全要求】应修改缺省 BANNER 语句，BANNER 不应出现含有系统平台或地址等有碍安全的信息，防止信息泄露。

2.4.2　ACL 访问控制列表

【安全要求】应设置 ACL 访问控制列表，控制并规范网络访问行为（适用于调度数据网设备）。

【配置要求】根据具体业务设置 ACL 访问控制列表，通过调度数据网三层接入交换机的出接口、路由器的入接口设置 ACL 屏蔽非法访问信息。

2.4.3　空闲端口管理

【安全要求】应关闭交换机、路由器上的空闲端口，防止恶意用户利用空闲端口进行攻击。

2.4.4　MAC 地址绑定

【安全要求】应使用 IP、MAC 和端口绑定，防止 ARP 攻击、中间人攻击、恶意接入等安全威胁。

2.4.5　NTP 服务

【安全要求】应开启 NTP 服务，建立统一时钟，保证日志功能记录的时间的准确性。

2.4.6　协议安全配置（可选）

【安全要求】应检查调度数据网网络设备的安全配置，应避免使用默认路由，关闭网络边界 OSPF 路由功能（适用于调度数据网设备）。

【配置要求】

启用 OSPF MD5 认证。禁用重分部直连。禁用默认路由。关闭网络边界 OSPF 路由功能。

2.4.7 设备版本管理

【安全要求】路由器和交换机应升级为最新稳定版本，且同一品牌、同一型号版本应实现版本统一，设备使用的软件版本应为经过国家电网公司测试的成熟版本。

查证及评价方法

检查网络设备配置及相关资料。

未修改网络设备缺省的 BANNER 信息，扣 6 分；调度数据网设备未设置 ACL 访问控制列表，扣 4 分；交换机、路由器上不使用的端口处于开启状态，每处扣 2 分，最多扣 10 分；未设置 IP 地址与 MAC 地址绑定，或 MAC 地址与端口绑定，每处扣 2 分，最多 10 分；调度数据网网络设备未按照要求进行安全配置，每处扣 2 分，最多 10 分。

5.1.5 日志与审计

评分标准

1）应修改 SNMP 默认的通信字符串，字符串长度不能小于 8 位，要求是数字、字母或特殊字符的混合，不得与用户名相同。字符串应定期更换和加密存储。SNMP 协议应配置 V2 及以上版本。

2）设备应启用自身日志审计功能，并配置审计策略。

评价依据

【依据】《电力监控系统安全防护标准化管理要求》（调自〔2016〕102 号）

2.5.1 SNMP 协议安全

【安全要求】应修改 SNMP 默认的通信字符串，字符串长度不能小于 8 位，要求是数字、字母或特殊字符的混合，不得与用户名相同。字符串应 3 个月定期更换和加密存储。SNMP 协议应配置 V2 及以上版本。

2.5.2 日志审计

【安全要求】设备应启用自身日志审计功能，并配置审计策略。

2.5.3 转存日志

【配置要求】在设备上配置远程日志服务器 IP，并搭建日志服务器。

查证及评价方法

检查网络设备配置及相关资料。

未按照要求配置 SNMP 默认通信字符串，扣 5 分；设备未启用自身日志审计功能或审计策略未正确配置，扣 5 分。

5.2 专用安全防护设备

5.2.1 设备管理

评分标准

对隔离设备、防火墙设备应设置双机热备，并定期离线备份配置文件。

评价依据

【依据】《电力监控系统安全防护标准化管理要求》（调自〔2016〕102 号）

3.1.1 运行可靠性

【安全要求】对隔离设备、防火墙设备应设置双机热备，并定期离线备份配置文件。

3.1.2 系统时间

【安全要求】应保障系统时间与时钟服务器保持一致。

【配置要求】

支持 NTP 网络对时的设备应配置 NTP 对时服务器。

不支持 NTP 服务的安全设备应手工定期设定时间与时钟服务器一致。

查证及评价方法

检查专用安全防护设备配置。

未设置双机热备，每发现一台扣 5 分；未定期离线备份配置文件，每发现一台扣 5 分。

5.2.2 用户与口令

评分标准

1）应对访问安全设备的用户进行身份鉴别，口令复杂度应满足要求并定期更换。应修改默认用户和口令，不得使用缺省口令，口令应定期更换。

2）应避免不同用户间共享账号。避免人员和设备通信公用同一账号。

评价依据

【依据】《电力监控系统安全防护标准化管理要求》（调自〔2016〕102号）

3.2.1 用户登录

【安全要求】应对访问安全设备的用户进行身份鉴别，口令复杂度应满足要求并定期更换。应修改默认用户和口令，不得使用缺省口令，口令长度不得小于8位，要求是字母和数字或特殊字符的混合并不得与用户名相同，口令应定期更换，禁止明文存储。

3.2.2 用户管理

【安全要求】应按照用户性质分配账号。避免不同用户间共享账号。避免人员和设备通信公用同一账号。应实现系统管理、网络管理、安全审计等设备特权用户的权限分离，并且网络管理特权用户管理员无权对审计记录进行操作。

查证及评价方法

检查专用安全防护设备用户口令配置、账户权限。

安全设备的登陆方式未启用用户名密码认证，扣4分；未禁用安全设备缺省登录用户名密码（不能禁用的应更改），扣4分；口令设置不符合公司要求，扣4分；口令未按照定期更换，扣4分；不同用户共享账号，扣4分。

5.2.3 安全策略

评分标准

1）策略应限制源目的地址（或连续的网段）。

2）策略应限制源目的端口，不应放开非业务需求的端口，对于端口随机变动的可限定端口范围。

评价依据

【依据】《电力监控系统安全防护标准化管理要求》（调自〔2016〕102号）

3.3.1 登录超时

【安全要求】配置账户定时自动退出功能，退出后用户需再次登录方可进入系统。

【配置要求】账号登录后超过5分钟无动作自动退出。

3.3.2 配置安全策略

【安全要求】应配置跟业务相对应的安全策略，禁止开启与业务无关的服务。

【配置要求】策略应限制源目的地址（或连续的网段），不应包含过多非业务需求地址段。

策略应限制源目的端口，不应放开非业务需求的端口，对于端口随机变动的可限定端口范围。

采用白名单方式，对非业务需求的地址及端口一律禁止通过。

纵向认证设备非业务需求策略只允许开放ICMP协议。

查证及评价方法

检查专用安全防护设备安全策略配置。

策略未按照要求限制源目的地址，每处扣2分；策略未按照要求限制源目的端口，每处扣2分。

5.2.4 专用安全防护设备日志审计

评分标准

设备应支持日志审计功能。所有设备日志均能通过远程日志功能传输到网络安全管理平台。日志应至少保存6个月。

评价依据

【依据】《电力监控系统安全防护标准化管理要求》（调自〔2016〕102号）

3.4.1 日志审计

【安全要求】设备应启用自身日志审计功能，并配置审计策略。审计内容应覆盖重要用户行为、系统资源的异常使用和重要系统命令的使用等系统重要安全相关事件，至少应包括：用户的添加和删除、审计功能的启动和关闭、审计策略的调整、权限变更、系统资源的异常使用、重要的系统操作（如用户登录、退出）等。

3.4.2 转存日志

【安全要求】设备应支持远程日志功能。所有设备日志均能通过远程日志功能传输到内网安全监视平台。设备应至少支持一种通用的远程标准日志接口，如 SYSLOG、FTP 等；日志应至少保存 6 个月。

查证及评价方法

检查专用安全防护设备日志审计功能。

未启用日志审计功能，扣 2 分；未通过配置将日志转存到网络安全管理平台，扣 4 分；未设置日志保存不少于 6 个月，扣 4 分。

5.3 操作系统

5.3.1 配置管理

评分标准

1）操作系统中管理权限应分别由安全管理员、系统管理员、审计管理员配合实现。

2）操作系统中除系统默认账户外不存在与智能电网调度控制系统无关的账户。

3）操作系统账户口令应具有一定的复杂度。

4）账户连续登录失败 5 次，账户锁定 10 分钟。

5）口令定期更换（适用于人机工作站和自动化运维工作站）。

6）应统一配置补丁更新策略，确保操作系统安全漏洞得到有效修补。对高危安全漏洞应进行快速修补，以降低操作系统被恶意攻击的风险。

评价依据

【依据】《电力监控系统安全防护标准化管理要求》（调自〔2016〕102 号）

4.1.1 用户策略

【配置要求】操作系统中应不存在超级管理员账户，管理权限应分别由安全管理员、系统管理员、审计管理员配合实现。

操作系统中除系统默认账户外不存在与 D5000 系统无关的账户。

对重要信息资源设置敏感标记，并严格控制不同用户对有敏感标记的信息资源的操作（适用于 SCADA 等关键服务器）。

4.1.2 身份鉴别

【安全要求】操作系统账户口令应具有一定的复杂度。应预先定义不成功鉴别尝试的管理参数（包括尝试次数和时间的阈值），并明确规定达到该值时应采取的拒绝登录措施。应采用两种或两种以上组合的鉴别技术对管理用户进行身份鉴别。

【配置要求】

口令长度不小于 8 位。口令是字母、数字和特殊字符组成。口令不得与账户名相同。连续登录失败 5 次后，账户锁定 10 分钟。采用两种或两种以上组合的鉴别技术对用户进行身份鉴别。口令 90 天定期更换（适用于人机工作站和自动化运维工作站）。口令过期前 10 天，应提示修改（适用于人机工作站和自动化运维工作站）。

4.1.3 桌面配置

【配置要求】系统桌面只显示 D5000 系统，禁止除 D5000 系统外的其他程序，shell 运行（适用于人机工作站）。

4.1.4 补丁管理

【安全要求】应统一配置补丁更新策略，确保操作系统安全漏洞得到有效修补。对高危安全漏洞应进行快速修补，以降低操作系统被恶意攻击的风险。

4.1.6 主机配置

【配置要求】配置用户 IP 地址更改策略，禁止用户修改 IP 地址或在指定范围内设置 IP 地址。

配置禁止用户更改计算机名策略。

主机禁止配置默认路由。

查证及评价方法

检查智能电网调度控制系统的操作系统安全。

管理权限未分离，扣 2 分，至多扣 10 分；操作系统存在无关账户，扣 2 分，至多扣 10 分；操作系统账户口令不符合要求，扣 2 分，至多扣 10 分；账户登录失败策略不符合要求，扣 2 分，至多扣 10 分；未统一配置补丁更新策略，扣 5 分；未对高危安全漏洞应进行修补，扣 5 分。

5.3.2 网络管理

评分标准

操作系统应遵循最小安装的原则，仅开启必须的服务，禁止开启与智能电网调度控制系统无关的服务。关闭 FTP、TELNET、LOGIN、135、445、SMTP/POP3、SNMPV3 以下版本等公共网络服务。

评价依据

【**依据**】《电力监控系统安全防护标准化管理要求》(调自〔2016〕102 号)

4.2.1 防火墙功能

【安全要求】应开启操作系统的防火墙功能，实现对所访问的主机的 IP、端口、协议等进行限制。

【配置要求】配置基于目的 IP 地址、端口、数据流向的网络访问控制策略。限制端口的最大连接数，在连接数超过 100 时进行预警。

4.2.2 网络服务管理

【配置要求】操作系统应遵循最小安装的原则，仅安装和开启必须的服务，禁止与 D5000 系统无关的服务开启。关闭 ftp、telnet、login、135、445、SMTP/POP3、SNMPv3 以下版本等公共网络服务。

查证及评价方法

检查智能电网调度控制系统的系统防火墙策略、服务开启情况。

开启与智能电网调度控制系统无关的服务，每处扣 2 分。

5.3.3 接入管理

评分标准

1）配置外设接口使用策略。只准许特定接口接入设备；保证鼠标、键盘、U-KEY（除人机工作站和自动化运维工作站外，禁止 U-KEY 的使用）等常用外设的正常使用，其他设备一律禁用，非法接入时产生告警。

2）配置自动播放策略。关闭移动存储介质的自动播放或自动打开功能，关闭光驱的自动播放或自动打开功能。

3）配置远程登录策略。应使用 SSH 协议，禁止使用其他远程登录协议。

4）配置外部连接管理。配置禁止 MODEM 拨号、配置禁止使用无线网卡等。

评价依据

【依据】《电力监控系统安全防护标准化管理要求》（调自〔2016〕102号）

4.3.1　外设接口

【配置要求】配置外设接口使用策略，只准许特定接口接入设备。保证鼠标、键盘、U-KEY（除人机工作站和自动化运维工作站外，禁止U-KEY的使用）等常用外设的正常使用，其他设备一律禁用，非法接入时产生告警。

4.3.2　自动播放

【配置要求】关闭移动存储介质的自动播放或自动打开功能。关闭光驱的自动播放或自动打开功能。

4.3.3　远程登录

【配置要求】远程登录应使用ssh协议，禁止使用其他远程登录协议。处于网络边界的主机ssh服务通常情况下处于关闭状态，有远程登录需求时可由管理员开启。限制指定IP地址范围主机的远程登录。主机间登录禁止使用公钥验证，应使用密码验证模式。操作系统使用的ssh协议版本应高于openssh v7.2。600秒内无操作，自动退出。

4.3.4　外部连接管理

【配置要求】配置禁止Modem拨号。配置禁止使用无线网卡。配置禁止使用3G网卡。配置主动联网检测策略。禁用非法IE代理上网。

查证及评价方法

检查智能电网调度控制系统的系统接入管理配置。

未按照要求配置外设接口使用策略，扣5分；未按照要求配置自动播放策略，扣5分；未按照要求配置远程登录策略，扣5分；未按照要求配置外部连接策略，扣5分。

5.3.4　日志与审计

评分标准

1）配置系统日志策略配置文件，使系统对鉴权事件、登录事件、用户行为事件、物理接口和网络接口接入事件、系统软硬件故障等进行审计。

2）可采用专用的安全审计系统对审计记录进行查询、统计、分析和生成报表；日志需至少保存6个月。

评价依据

【依据 1】《中华人民共和国网络安全法》

第三章 网络运行安全

第二十一条 国家实行网络安全等级保护制度。网络运营者应当按照网络安全等级保护制度的要求，履行下列安全保护义务，保障网络免受干扰、破坏或者未经授权的访问，防止网络数据泄露或者被窃取、篡改：

（三）采取监测、记录网络运行状态、网络安全事件的技术措施，并按照规定留存相关的网络日志不少于六个月。

【依据 2】《电力监控系统安全防护标准化管理要求》（调自〔2016〕102 号）

4.4 日志与审计

【配置要求】配置系统日志策略配置文件，使系统对鉴权事件、登录事件、用户行为事件、物理接口和网络接口接入事件、系统软硬件故障等进行审计。对审计产生的日志数据分配合理的存储空间和存储时间。设置合适的日志配置文件的访问控制避免被误修改和删除。采用专用的安全审计系统对审计记录进行查询、统计、分析和生成报表。

【依据 3】《国家电网公司网络与信息系统安全管理办法》国网（信息 /2）401—2018

第十九条 运行安全管理要求如下：

（十一）加强安全审计工作。实现对主机、数据库、中间件、业务应用等的安全审计，做到事中、事后的问题追溯，记录网络与信息系统运行状态、安全事件，留存相关日志不少于六个月。

查证及评价方法

检查智能电网调度控制系统的系统日志与审计策略。

未正确配置系统日志策略配置文件，每处扣 2 分，至多扣 10 分；日志默认保存时间未设置不少于 6 个月，每处扣 2 分，至多扣 10 分。

5.4 关系数据库

5.4.1 用户管理

评分标准

1）数据库具备系统操作管理、审计和安全管理员用户，现场可根据系统运行效率确定是否设置审计和安全管理员用户。

2）数据库操作管理员负责对权限对象包括用户、角色、操作权限等进行创建，禁止将数据库管理员权限赋予数据库操作用户（智能电网调度控制系统用户）。

3）智能电网调度控制系统用户设置为数据库操作用户，分为平台用户和应用用户两类。

评价依据

【依据】《电力监控系统安全防护标准化管理要求》（调自〔2016〕102号）

5.1 用户管理

【配置要求】数据库管理员：现达梦和金仓数据库具备系统操作管理、审计和安全管理员用户，现场可根据系统运行效率确定是否设置审计和安全管理员用户。

数据库操作管理员负责对权限对象包括用户、角色、操作权限等进行创建，禁止将数据库管理员权限赋予数据库操作用户（D5000系统用户）。

D5000系统用户设置为数据库操作用户，分为平台用户和应用用户两类。

查证及评价方法

检查智能电网调度控制系统关系数据库。

未按照要求设置系统操作管理员、审计和安全管理员用户，扣3分，（未设置审计和安全管理员用户的，有系统运行效率分析证明材料（盖章版），可根据现场实际情况酌情扣分）；数据库操作管理员未正确配置权限的，扣3分；数据库操作用户未按要求分类的，扣4分。

5.4.2 口令管理

评分标准

1）由数据库系统管理员创建普通用户，授予对象权限。

2）口令应满足公司复杂度要求。

3）要求配置口令有效期。

4）口令不得与账户名相同。

5）包含数据库用户名和口令的文件应加密存储。

6）配置账号安全登录策略，如连续登录失败5次锁定账户，锁定时间设置为10分钟等。

评价依据

【依据】《电力监控系统安全防护标准化管理要求》（调自〔2016〕102号）

5.2 口令管理

【配置要求】由数据库系统管理员创建普通用户，授予对象权限。要求密码长度不少于8位，必须同时包含数字、字母和特殊符号。要求配置密码有效期，有效期时间为90天。

口令不得与账户名相同。包含数据库用户名和口令的文件应加密存储。配置账号安全登录策略，如连续登录失败5次锁定账户，锁定时间设置为10分钟等。

查证及评价方法

检查智能电网调度控制系统关系数据库口令策略。

非数据库管理员创建普通用户授予权限，扣3分；口令强度不符合要求，扣3分；未按照要求配置口令有效期，扣3分；口令与账户名相同，扣3分；数据库用户名和口令的文件未进行加密存储，扣4分；未按照要求配置账号安全登录策略，扣4分。

5.4.3 数据库操作权限

评分标准

1）应通过系统权限严格控制用户的创建数据库对象的权限。

2）对于跨模式查询，应对用户进行按需指定其对特定的对象（如表、视图等）进行特定的操作（增、删、改、查）权限。

评价依据

【依据】《电力监控系统安全防护标准化管理要求》（调自〔2016〕102号）

5.3 数据库操作权限

【配置要求】应通过系统权限严格控制用户的创建数据库对象的权限。

对于跨模式查询，应对用户进行按需指定其对特定的对象（如表，视图等）进行特定的操作（增、删、改、查）权限。

查证及评价方法

检查智能电网调度控制系统关系数据库权限配置。

未按照数据库操作权限要求进行配置的，每处扣2分，扣完为止。

5.4.4 数据库访问最大连接数管理

评分标准

1）对多个用户共用的数据库（如HISDB、EMS），应根据实际需求配置其数据库连接数量。

2）对单个用户使用的数据库（如PSGSM2000、TMR），应根据实际需求配置其数据库连接数量。

3）设置所有用户的数据库最大连接数。

评价依据

【依据】《电力监控系统安全防护标准化管理要求》（调自〔2016〕102号）

5.4 数据库访问最大连接数管理

【配置要求】对多个用户共用的数据库（如HISDB、EMS），配置其数据库连接数量为80以内。对单个用户使用的数据库（如PSGSM2000、TMR），配置其数据库连接数量为30以内。设置所有用户的数据库最大连接数。

查证及评价方法

检查智能电网调度控制系统关系数据库最大连接数。

未按照数据库访问最大连接数管理要求进行配置的，每处扣2分，扣完为止。

5.4.5 日志管理

评分标准

1）数据库应具备日志审计功能。

2）产生的日志应保存至少 6 个月。

评价依据

【依据 1】《中华人民共和国网络安全法》

第三章 网络运行安全

第二十一条 国家实行网络安全等级保护制度。网络运营者应当按照网络安全等级保护制度的要求，履行下列安全保护义务，保障网络免受干扰、破坏或者未经授权的访问，防止网络数据泄露或者被窃取、篡改：

（三）采取监测、记录网络运行状态、网络安全事件的技术措施，并按照规定留存相关的网络日志不少于六个月。

【依据 2】《电力监控系统安全防护标准化管理要求》（调自〔2016〕102 号）

5.5 日志管理

【安全要求】数据库应提供用户操作日志记录功能，记录访问数据库的 IP 地址、用户名称、操作语句等信息。

【配置要求】生成的日志必须记录对数据的增加、删除、修改语句。

【依据 3】《国家电网公司网络与信息系统安全管理办法》[国网（信息 /2）401—2018]

第六章 运行管理

第十九条 运行安全管理要求如下：

（十一）加强安全审计工作。实现对主机、数据库、中间件、业务应用等的安全审计，做到事中、事后的问题追溯，记录网络与信息系统运行状态、安全事件，留存相关日志不少于六个月。

查证及评价方法

检查智能电网调度控制系统关系数据库日志配置。

未按照数据库日志管理要求进行配置的，扣 5 分；日志少于 6 个月，扣 5 分。

5.4.6 安装管理

评分标准

1）仅数据库管理员用户对数据库存储路径具有读、写、删除、执行权限。

2）智能电网调度控制系统用户可以访问上述路径，其他操作系统用户不具备访问权限。

评价依据

【依据】《电力监控系统安全防护标准化管理要求》（调自〔2016〕102号）

5.6 安装管理

【配置要求】仅数据库管理员用户对数据库存储路径具有读、写、删除、执行权限。

D5000用户可以访问上述路径，其他操作系统用户不具备访问权限。

查证及评价方法

检查智能电网调度控制系统关系数据库服务器存储路径用户权限。

除数据库管理员外，有其他用户对数据库存储路径具有读、写、删除、执行权限，扣3分；除数据库管理员用户、智能电网调度控制系统用户外，存在其他操作系统用户具备数据库存储路径访问权限的，扣2分。

5.4.7 文件及程序代码管理

评分标准

应在配置文件中将用户、密码以加密后的密文方式存储。

评价依据

【依据】《电力监控系统安全防护标准化管理要求》（调自〔2016〕102号）

5.7 文件及程序代码管理

【配置要求】应在配置文件中将用户密码以加密后的密文方式存储。

应将数据库用户名/密码从源程序中独立出来，将用户密码以加密后的密文方式存储。

查证及评价方法

检查智能电网调度控制系统关系数据库配置文件。

未在配置文件中将用户密码以加密后的密文方式存储，扣5分。

5.5 智能电网调度控制系统及应用

5.5.1 特权账户控制

评分标准

应将系统管理、安全管理、审计管理三权分立，系统管理员负责创建权限对象包括操作权限、角色、用户等，安全管理员负责关联权限对象，审计管理员负责管理系统中的审计信息。

评价依据

【依据】《电力监控系统安全防护标准化管理要求》（调自〔2016〕102号）

6.1 特权账户控制

【配置要求】系统正式投运后不允许存在超级管理员账户。

应将系统管理、安全管理、审计管理三权分立，系统管理员负责创建权限对象包括操作权限、角色、用户等，安全管理员负责关联权限对象，审计管理员负责管理系统中的审计信息。

查证及评价方法

检查智能电网调度控制系统权限设置。

系统未按照三权分立进行权限设置，每处扣2分，至多扣10分。

5.5.2 操作权限

评分标准

1）按照权限最小化原则，配置智能电网调度控制系统平台及应用角色的操作权限。

2）根据用户的职责关联该用户账户角色。

3）用户名称实施实名制管理。

评价依据

【依据】《电力监控系统安全防护标准化管理要求》（调自〔2016〕102号）

6.2 操作权限

【安全要求】按照权限最小化原则，将平台与应用的权限分配给不同角色。根据用户的职责关联其用户相关的角色。

【配置要求】按照要求配置 D5000 系统平台及应用角色的操作权限。根据用户的职责关联该用户账户角色。用户名称实施实名制管理。

查证及评价方法

检查智能电网调度控制系统用户权限。

未按照权限最小化原则进行平台及应用角色的操作权限配置的，扣3分；未根据用户职责关联该用户账户角色的，扣3分；用户名称未实名制的，扣4分。

5.5.3 实时数据库修改权限

评分标准

1）按照权限最小化原则，将实时数据库修改权限分配给确定的角色。

2）仅将实时库维护用户的权限关联到该角色。

3）账户名称使用实名制。

评价依据

【依据】《电力监控系统安全防护标准化管理要求》（调自〔2016〕102号）

6.3 实时数据库修改权限

【安全要求】按照权限最小化原则，将实时数据库修改权限分配给确定的角色；其仅将实时库维护用户的权限关联到该角色。

【配置要求】按照要求配置 D5000 平台及应用角色的实时库表修改权限。根据用户的职责关联该用户账户角色。账户名称使用实名制。

查证及评价方法

检查智能电网调度控制系统实时数据库修改权限设置。

未按照权限最小化原则，将实时数据库修改权限分配给确定的角色，扣 3 分；实时库维护用户的权限未按照要求关联角色的，扣 3 分；账户名称未实名制的，扣 4 分。

5.5.4 口令管理

评分标准

口令复杂度应满足公司要求，定期修改。

评价依据

【依据】《电力监控系统安全防护标准化管理要求》（调自〔2016〕102 号）

6.4 口令管理

【安全要求】用户口令应具备足够的强度。口令应定期更换。

【配置要求】密码长度不少于 8 位，应同时包含数字、字母和特殊符号。

密码有效期时间为 90 天，提前 10 天提醒。

查证及评价方法

检查智能电网调度控制系统口令管理配置。

未按照口令管理要求进行配置的，扣 3 分；口令未定期修改，扣 3 分。

5.5.5 用户双因子认证

评分标准

调度远方控制操作应使用密码、UKEY、指纹中两种组合方式认证。

评价依据

【依据】《电力监控系统安全防护标准化管理要求》（调自〔2016〕102 号）

6.5 用户双因子认证

【配置要求】任何账户登录人机界面工具时，应使用密码、UKey、指纹中两种组合方式认证。

展示用或临时使用的工作站可配置为不使用双因子认证。

查证及评价方法

检查账户登录人机界面工具。

调度远方控制操作未使用双因子认证，扣6分。

5.5.6 登录控制

评分标准

1）某账户在一个节点登录人机界面工具后，该账户不能在另一节点登录人机界面工具。

2）人机界面工具在10分钟内无键盘和鼠标操作事件，应自动退出登录（调度台、自动化值班台等需要实时监控的工作站除外）。

3）连续登录失败5次锁定账户，锁定时间设置为10分钟。

评价依据

【依据】《电力监控系统安全防护标准化管理要求》（调自〔2016〕102号）

6.6 登录控制

【配置要求】某账户在一个节点登录人机界面工具后，该账户不能在另一节点登录人机界面工具。人机界面工具在10分钟内无键盘和鼠标操作事件，用户应自动退出登陆。连续登录失败5次锁定账户，锁定时间设置为10分钟。

查证及评价方法

检查账户登录人机界面工具及登录失败配置。

未实现同一账户能且仅能在一个节点登录人机界面工具，扣3分；未按要求设置自动退出登录，扣3分；未按照要求设置登录失败，扣4分。

5.5.7 监控责任区

评分标准

1）责任区按照用户所辖区域和设备的范围进行划分。

2）调度员、监控员等用户的权限必须关联到合适的责任区。

评价依据

【依据】《电力监控系统安全防护标准化管理要求》（调自〔2016〕102号）

6.7 监控责任区

【配置要求】责任区按照用户所辖区域和设备的范围进行划分。调度员、监控员等用户的权限必须关联到合适的责任区。

查证及评价方法

检查调度员、监控员权限及责任区。

调度员、监控员等用户的设备操作未限制在特定的责任区范围内，扣5分；调度员、监控员等用户的权限未关联到合适的责任区，扣5分。

5.5.8 控制功能

评分标准

1）SCADA、AGC、AVC应用或服务应支持调度数字证书及安全标签。

2）应给调度员和监控员角色的用户发放U-KEY，U-KEY中应存储用户本人的调度数字证书及安全标签信息。

3）用户和应用的调度数字证书及安全标签必须由本级调控中心的调度数字证书系统签发。

评价依据

【依据】《电力监控系统安全防护标准化管理要求》（调自〔2016〕102号）

6.8 控制功能

【配置要求】SCADA、AGC、AVC应用或服务应支持调度数字证书及安全标签。

应给调度员和监控员角色的用户发放 U-key，U-key 中应存储用户本人的调度数字证书及安全标签信息。

用户和应用的调度数字证书及安全标签必须由本级调控中心的调度数字证书系统签发。

查证及评价方法

检查调度数字证书及安全标签资料。

SCADA、AGC、AVC 应用或服务未采用调度数字证书及安全标签，扣 4 分；未按照要求给调度员和监控员角色的用户发放 U-KEY，或 U-KEY 中存储的调度数字证书及安全标签信息与本人不符，扣 4 分；用户和应用的调度数字证书及安全标签不是由本级调控中心的调度数字证书系统签发，扣 4 分。

5.5.9 测试验证系统

评分标准

1）测试验证系统硬件应独立部署，其软件配置应和在线系统保持一致，在满足性能要求的前提下可减少硬件数量。

2）测试验证系统与在线系统间应配置防火墙，使测试系统无法访问在线系统。

3）测试验证系统软件功能与在线系统应尽可能保持一致，至少应覆盖Ⅰ、Ⅱ区应用功能，有条件的可以增加Ⅲ区应用功能。

4）应配置在线系统到测试验证系统的数据同步功能，能将任意时刻的电网模型、图形和数据同步到测试验证系统，在测试验证系统形成完整、独立的测试、研究、培训环境。

5）新功能在投入在线系统之前，应在测试验证系统进行功能测试，至少连续正常运行 24 小时后方可投入在线系统；有备调系统的，可采用备调系统作为测试验证系统。

评价依据

【依据】《电力监控系统安全防护标准化管理要求》（调自〔2016〕102 号）

6.9　测试验证系统

【配置要求】测试验证系统硬件应独立部署，其软件配置应和在线系统保持一致，在满足性能要求的前提下可减少硬件数量。测试验证系统与在线系统间应配置防火墙，使测试系统无法访问在线系统。测试验证系统软件功能与在线系统应尽可能保持一致，至少应覆盖Ⅰ、Ⅱ区应用功能，有条件的可以增加Ⅲ区应用功能。应配置在线系统到测试验证系统的数据同步功能，能将任意时刻的电网模型、图形和数据同步到测试验证系统，在测试验证系统形成完整、独立的测试、研究、培训环境。新功能在投入在线系统之前，应在测试验证系统进行功能测试，至少连续正常运行24小时后方可投入在线系统。

查证及评价方法

检查测试验证系统。

测试验证系统硬件未按照要求进行部署，扣2分；测试验证系统与在线系统间未配置防火墙，或测试系统可访问在线系统，扣2分；测试验证系统软件功能不符合要求的，扣2分；未配置在线系统到测试验证系统的数据同步功能，或不能实现将任意时刻的电网模型、图形和数据同步到测试验证系统，在测试验证系统形成完整、独立的测试、研究、培训环境，扣2分；新功能投入之前未在测试验证系统进行功能测试，或连续正常运行时间不足24小时就投入在线系统的，扣2分。

6 通信系统及设备

通信系统及设备主要包括通信网络结构与配置、通信设备、重要业务系统与通道、通信线缆等四部分25项查评内容，查评分共计400分。

其中通信网络结构与配置包括通信主干传输网结构、容灾和双汇聚能力2项内容；通信设备包括光传输设备、载波及微波设备、PCM设备、调度交换网及设备、行政交换网及设备、电视电话会议设备、通信网管设备和通信同步时钟设备8项内容；重要业务系统与通道包括调度大楼及重要通信站通道理由、220kV及以上线路保护和安控通道、自动化业务通道和调度电话业务通道4项内容；通信线缆包括通信光缆检测、进场导引光缆、光缆线路路由走廊、光缆接头盒、OPGW光缆、ADSS光缆、架空普通光缆、直埋光缆、管道光缆、通信电缆、光缆线路标识和标牌11项内容。

6.1 通信网络结构与配置

6.1.1 通信主干传输网结构

评分标准

1）传输网网络结构应合理、层次清晰，核心层宜建成以光纤通道为主的环形网或网状网，具备自愈功能。

2）容量满足规划期内的业务需求。重要通信枢纽站点通信传输设备和电源设备应双设备配置。

评价依据

【依据1】《国家电网有限公司十八项电网重大反事故措施（修订版）》（国家电网设备〔2018〕979号）

16.3.1.1 电力通信网的网络规划、设计和改造计划应与电网发展相适应，并保持适度超前，突出本质安全要求，统筹业务布局和运行方式优化，充分满足各类业务应用需求，避免生产控制类业务过度集中承载，强化通信网薄弱环节的改造力度，力求网络结构合理、运行灵活、坚强可靠和协调发展。

16.3.2.1 电网一次系统配套通信项目，应随电网一次系统建设同步设计、同步实施、同步投运，以满足电网发展需要。

【依据2】 电力通信网规划设计技术导则（Q/GDW 11358—2014）

9.2.5 骨干传输网宜形成环网，合理选择网络保护方式，提升网络生存能力及业务调度能力。

9.2.7 各级骨干传输网电路应共享使用，原则上220kV变电站配置的光传输设备不宜超过2套。

9.2.8 220kV及以上变电站内承载生产控制业务的SDH传输系统应满足双设备、双路由、双电源要求。

查证及评价方法

检查光缆及主干传输网络拓扑图。

主干传输网未设立第二个汇聚点，扣20分；在第一汇聚点（主调）失效的情况下，第二汇聚点不能发挥应有作用，扣10分。

6.1.2 容灾和双汇聚能力

评分标准

1）主干传输网设立第二个汇聚点。

2）在第一汇聚点（主调）失效的情况下，第二汇聚点无需通过第一汇聚点仍可实现对各调度对象信息（数据、语音、通信设备状态信息等）的有效传输。

评价依据

【依据】 电力通信网规划设计技术导则（Q/GDW 11358—2014）

9.2.1 省际骨干传输网按GW-A、GW-B双平面架构。生产控制类业务承载以GW-A平面为主，生产管理业务承载以GW-B平面为主。GW-A、GW-B平面的主要特点如下:

a）GW-A平面采用SDH技术体制，设备双重化配置，主要满足生产控制类业务可靠传送要求，覆盖国（分）调及直调厂站、省调、省通信第二汇聚点、数据中心、灾备中心等；

b）GW-B平面采用OTN技术体制，主要满足调度业务、生产管理业务大带宽传送需求，覆盖国（分）调、省调、省通信第二汇聚点、数据中心、灾备中心等。

9.2.2 省级骨干传输网可按照表3所示的界定范围确定SW-A单平面架构或

SW–A、SW–B 双平面架构方式，若采用双平面架构，生产控制类业务承载应以 SW–A 平面为主，生产管理类业务承载应以 SW–B 平面为主。省级骨干传输网通过省调及省通信第二汇聚点两点接入省际骨干传输网。SW–A、SW–B 平面的主要特点如下：

a）SW–A 平面采用 SDH 技术体制，核心及汇聚站点设备双重化配置，主要满足生产控制类业务可靠传送要求，覆盖省调、省通信第二汇聚点、地调、地市通信第二汇聚点、省调直调厂站；

b）SW–B 平面采用 OTN 或 SDH 技术体制，主要满足调度业务、生产管理类业务大带宽传送需求，覆盖省调、省通信第二汇聚点、地调、地市通信第二汇聚点等。

9.2.3　地市骨干传输网宜按 DW–A 单平面架构。地市骨干通信网通过地市公司及地市通信第二汇聚点两点接入省级骨干通信网。DW–A 平面采用 SDH 技术体制，核心及汇聚站点设备双重化配置，满足生产控制类业务和管理信息类业务传送需求。覆盖地调、地市通信第二汇聚点、所属县公司、地调直调发电厂和 35kV 及以上变电站等。

查证及评价方法

检查光缆及主干传输网络拓扑图。

主干传输网未设立第二个汇聚点，扣 20 分；在第一汇聚点（主调）失效的情况下，第二汇聚点不能发挥应有作用，扣 10 分。

6.2　通信设备

6.2.1　光传输设备

评分标准

传输设备运维情况正常，线路光口光功率在线测试结果符合设备指标要求，储备合理；重要业务传输通道性能（15 分钟误码）在线测试符合设备要求；同步时钟方式运行正常；业务端口告警正常，运行资料齐全；单套 SDH 设备具有主备关系的光路应分布于不同光板上。

评价依据

【依据 1】《光传送网（OTN）通信工程验收规范》（Q/GDW 11349—2014）

5.5　OTN 系统性能测试及功能检查

5.5.3 业务性能测试

5.5.3.1 业务性能测试时间

根据工程建设规模，对所有工程期间开通的业务完成 15 分钟误码性能测试，对于承载重要业务的通道及 15 分钟误码性能测试期间出现问题的业务通道应进行 24 小时误码性能测试。

【依据 2】《国网信通部关于印发公司 SDH 光传输网优化指导意见的通知》（信通通信〔2016〕100 号）

四、优化要点

（二）传输系统

4. 单套 SDH 设备具有主备关系的光路应分布于不同光板上，避免因单板卡故障造成业务中断。对不满足要求的，应优化光路方式安排，同时确保板卡、参数配置的匹配性。

【依据 3】《国家电网公司通信站运行管理规定》（Q/GDW 1804—2012）

8.2 通信站应具备以下资料：d）站内通信设备连接图；e）通信系统图；i）配线资料；n）设备台账。

8.3 交、直流电源系统接线图、通信站应急预案应有纸质文档存放在现场。其他资料可使用计算机网络管理，异地存放，现场调用。

查证及评价方法

检查光传输设备运行维护测试记录等相关资料和现场抽查。

线路光口光功率测试结果不符合设备指标要求，每处扣 5 分；重要业务传输通道性能（15 分钟误码）测试不符合要求，每处扣 2 分；同步方式未配置或运行不正常，每处扣 2 分；业务端口告警不正常或资料不齐全，每一处扣 2 分；单套 SDH 设备具有主备关系的光路分布于同一光板上，每一处扣 2 分。

6.2.2 载波及微波设备

评分标准

载波设备运行正常，无隐患情况。导频收发信电平与历史记录相比无明显变化，通道衰耗无明显变化；结合滤波器、耦合电容器、阻波器的密封良好，无进水受潮和锈蚀现象，连线和接线端子连接可靠无松动；高频电缆连接良好，标识清楚；微波塔无锈蚀现象，定期进行紧固、测偏和接地电阻测试工作；微波塔航标灯运行正常。微波塔上除架设本站必须的通信装置外，不得架设或搭挂可构成雷击威胁的其他装置。

评价依据

【依据1】《国家电网有限公司十八项电网重大反事故措施（修订版）》（国家电网设备〔2018〕979号）

16.3.3.12　每年雷雨季节前应对接地系统进行检查和维护。检查连接处是否紧固、接触是否良好、接地引下线有无锈蚀、接地体附近地面有无异常，必要时应开挖地面抽查地下隐蔽部分锈蚀情况。独立通信站、综合大楼接地网的接地电阻应每年进行一次测量，变电站通信接地网应列入变电站接地网测量内容和周期。微波塔上除架设本站必须的通信装置外，不得架设或搭挂可构成雷击威胁的其他装置，如电缆、电线、电视天线等。

【依据2】《国家电网公司通信安全管理办法》[国网（信息/3）427—2014]

第十五条　通信线路安全的具体要求如下：

（一）通信光缆/载波通信通道应具有防强电干扰的能力，应对通信光缆采取防雷、防化的安全措施；

（三）在通信设计时应为高压载波通信通道上承载的重要生产业务建立备用通道；应充分考虑中低压配电网线路结构复杂、线路阻抗变化大、信号衰减大、噪声源多且干扰信号强等不利因素。

（四）每年定期对微波通道、微波塔及所架设的设备进行检查维护。

查证及评价方法

检查相关资料和现场抽查。

载波设备有隐患，每一处扣3分；导频收发信电平与历史记录相比有明显变化未采取措施，每一处扣3分；通道衰耗有明显变化和异常未采取措施，每一处扣2分；结合滤波器、耦合电容器、阻波器密封不良，每一处扣2分；高频电缆连接不良或标识不清楚，每一处扣2分；微波塔有锈蚀或未定期进行紧固和测偏工作，每一处扣2分；微波塔航标灯运行不正常，每一处扣2分；铁塔未做接地电阻测试，无测试记录，每少一项扣2分；微波塔上随意架设其他装置，每一处扣2分。

6.2.3 PCM 设备

评分标准

PCM 设备运维情况正常，业务端口告警正常，运行资料齐全。

评价依据

【依据】《电力通信运行管理规程》(DL/T 544—2012)

10.5 通信机构应具备以下通信站基本运行资料：通信设备图纸、说明书、操作说明等；通信电路图；电路分配使用资料；配线资料等。

11.1.3 通信运行维护机构应定期组织人员对通信电路、通信设备进行测试，保证电路、设备、运行状态良好。

查证及评价方法

检查相关资料和现场抽查。

业务端口告警不正常或资料不齐全，每一处扣 2 分。

6.2.4 调度交换网及设备

评分标准

调度交换系统应双机独立部署，具备高可用性，主备系统符合容灾要求，切换功能正常。调度台配置和工况应满足安全生产要求。调度录音系统运行可靠、音质良好，并实现与 GPS 对时。调度台、录音系统应接入 UPS 电源。

评价依据

【依据 1】《电力调度交换网组网技术规范》(Q/GDW 754—2012)

4.1.4 总部、分部、省公司宜在异地设立第二汇聚点，作为本级备用汇接交换中心，与主用汇接交换中心组成双机系统，主用、备用调度交换机互相连接，且主用、备用调度交换机分别和上、下一级汇接交换中心主用、备用调度交换机互相连接。

6.4.6 各级汇接交换中心（站）、终端交换站配置的调度台数量应不少于 2 台。

【依据 2】电力通信网规划设计技术导则（Q/GDW 11358—2014）

9.3.2.2　调度交换网组网方式和路由策略应充分考虑备调系统要求，在主调失效情况下，应能保证调度电话交换网的正常运行。

【依据 3】《国家电网有限公司十八项电网重大反事故措施（修订版）》（国家电网设备〔2018〕979 号）

16.3.3.17　调度录音系统应每周进行检查，确保运行可靠、录音效果良好、录音数据准确无误、存储容量充足。调度录音系统服务器应保持时间同步。

【依据 4】《国家电网公司调度交换网交换设备运行管理规定》（国网信通客服〔2010〕32）

第十七条　调度台供电应采用 -48V 通信直流或交流不间断（UPS）电源方式。

第二十二条　调度录音机供电应采用 -48V 通信直流或交流不间断（UPS）电源方式。

查证及评价方法

现场检查，检查通信调度台的配置和工况。抽查调度录音系统记录情况和音质情况。

未双机独立部署，未配置主备系统或主备系统不符合容灾要求，扣 15 分；调度台配置不完备、工况不良，每项扣 3 分；录音系统无法辨识，每一处扣 1 分；录音系统不能与 GPS 对时，每一处扣 2 分；调度台、录音系统未接入 UPS 电源每一处扣 3 分。

6.2.5　行政交换网及设备

评分标准

行政交换系统应具备高可用性，设备重要板卡应能切换正常，省、地市公司系统专网中继线及公网中继线应具备主备路由，并能自动切换。

评价依据

【依据】《电力通信系统安全检查工作规范》（Q/GDW 756—2012）

6.6　交换设备检查要求如下：a）检查系统专网中继线及公网中继线的使用状态，根据交换网络图检查中继路由设置情况；b）检查中继线定期测试记录；c）检查交换设备的时钟源设置是否合理；d）检查交换设备数据库定期备份情况，每半年不少于一次；e）检查调度台工作是否正常，维护数据是否备份，是否接入 UPS 电源；f）检查录音系统工作是否正常，数据是否定期自动备份，存储空间是否满足要求，是否接入 UPS 电源。

查证及评价方法

检查系统及相关资料。

省、地市公司系统专网中继线和公网中继线无备用路由或不能自动切换，每一处扣 5 分。

6.2.6 电视电话会议设备

评分标准

公司一、二类及分部、省公司一类会应满足“一主两备”要求。应有专人维护，系统设备配置、电气接线等方面符合要求。系统接线图、线缆、接口等标识准确清晰。

评价依据

【依据】《国家电网有限公司十八项电网重大反事故措施（修订版）》（国家电网设备〔2018〕979 号）

16.3.3.13 严格落实公司一、二类电视电话会议系统“一主两备”的技术措施，制订切实可行的应急预案，开展应急操作演练，提高值机人员应对突发事件的保障能力，确保会议质量。

查证及评价方法

检查是否满足“一主两备”要求。现场检查。

不符合“一主两备”要求，扣 10 分；系统有隐患每项扣 5 分；无专人维护，无维护记录，扣 5 分；无会议系统接线图、线缆、接口等标识不清晰，每一处扣 5 分。

6.2.7 通信网管设备

评分标准

重要传输网管设备应采用双机热备配置，双机系统应异地设置（数据中心），符合容灾要求。主备网管系统安全分区方式及边界控制措施符合相关安全防护要求。通信网管系统应有专人负责管理，应制定网管系统运行管理规定，并定期做好数据备份。具备北向接口的网管系统应统一接入通信管理系统（SG-TMS）。

评价依据

【依据1】《电力通信运行管理规程》（DL/T 544—2012）

9.2　通信网管

9.2.1　网管系统设备应采取二次安全防护措施，其他无关设备不应接入网管系统。

9.2.2　通信机构应制定网管系统运行管理规定，内容应包括日常运行管理及巡视、系统软硬件维护、数据备份及恢复、系统管理员职责等。

9.2.4　网管系统应有专人负责管理，并分级设置密码和权限，应严禁无关人员操作网管系统。

9.2.7　网管系统数据应定期备份，在系统有较大改动和升级前应及时做好数据备份。

【依据2】《国家电网公司信息通信备用调度建设方案》（信通运行〔2018〕7号）

按照与主调配置相当、主备调同时运行的要求，建设独立于主调的备用调度支撑系统，确保在各类突发风险时信通调度依然可持续运行，提高备调与主调之间的互备能力和安全可靠性。

【依据3】电力通信网规划设计技术导则（Q/GDW 11358—2014）

9.4.2.4　设备网管应逐步实现省级集中部署，并提供北向接口，统一接入SG-TMS。

查证及评价方法

现场检查，检查网管配置图。

传输网管未按双机热备配置，扣10分；传输网管双机热备，但未异地设置，扣5分；网管安全防护不符合要求，扣5分；未制定网管系统运行管理规定，扣5分；未定期备份数据，每少一项扣2分；具备北向接口的网管系统未接入通信管理系统（SG-TMS），每一处扣2分。

6.2.8 通信同步时钟设备

评分标准

同步时钟系统配置合理，并能稳定可靠运行。卫星天线和馈线固定牢固，无破损、进水、锈蚀、接触不良等情况；卫星信号与地面参考信号跟踪、切换正常；设备无异常告警产生。

评价依据

【依据】《频率同步网网络设计及验收要求》（Q/GDW 11640—2016）

11.1.4 卫星天线应安装于调度通信楼或变电站控制楼顶平台上，可安装固定在楼顶女儿墙或横梁框架结构上，其天线视角、抗干扰特性等安装环境应符合设备的技术要求，一般原则为在天线6米范围内障碍物应不超过10度仰角线，通常卫星天线距离其他天线宜大于3米。

11.4.2 采用卫星天线定时接收系统时，天线、馈线及其他组件应严格按设备技术要求进行避雷接地，馈线进大楼之前应安装避雷器，其接地线应就近与楼顶避雷接地环可靠连接，馈线的金属外护层应在进机房入口处外侧就近接地，避雷器及其接头应做好防水处理，时钟同步设备的接地应符合GB 50689—2011的相关要求。

查证及评价方法

现场抽查检验。

不具备同步时钟系统，扣10分；卫星天线和馈线固定不牢固，有破损、进水、锈蚀、接触不良等情况，扣5分；时钟信号跟踪、切换异常，有异常告警，每项扣5分。

6.3 重要业务系统与通道

6.3.1 调度大楼及重要通信站通道路由

评分标准

电网调度机构与其调度管辖的下一级调度机构、直调发电厂和重要风电场、重要变电所之间应具有两种及以上独立路由或不同通信方式的通道，以满足调度自动化的要求。电网调度机构、集控中心（站）、220KV及以上电压等级变电站、直调发电厂、重要风电场和通信枢纽站的通信光缆应具备两条及以上完全独立的光缆通道，进站光缆或电缆应采用不同路由的电缆沟（竖井）进入通信机房和主控室；同时避免与一次动力电缆同沟（架）布放，并完善防火阻燃和阻火分隔等安全措施，绑扎醒目的识别标识；如不具备条件，应采取电缆沟（竖井）内部隔离等措施进行有效隔离。

评价依据

【依据】《国家电网有限公司十八项电网重大反事故措施（修订版）》（国家电网设备〔2018〕979 号）

16.3.1.5　国家电网有限公司数据中心、省级及以上调度大楼、部署公司 95598 呼叫平台的直属单位机房应具备三条及以上全程不同路由的出局光缆接入骨干通信网。省级备用调度、地（市）级调度大楼应具备两条及以上全程不同路由的出局光缆接入骨干通信网。

16.3.1.6　通信光缆或电缆应避免与一次动力电缆同沟（架）布放，并完善防火阻燃和阻火分隔等各项安全措施，绑扎醒目的识别标识；如不具备条件，应采取电缆沟（竖井）内部分隔离等措施进行有效隔离。新建通信站应在设计时与全站电缆沟（架）统一规划，满足以上要求。

16.3.1.7　电网调度机构与直调发电厂及重要变电站调度自动化实时业务信息的传输应具有两条不同路由的通信通道（主 / 备双通道）。

查证及评价方法

检查通信方式图、调度生产大楼及重要变电站光缆通道路由图。现场抽查。

调度大楼及 220KV 及以上变电站、通信枢纽站不具备两条完全独立的光缆通道，每一处扣 10 分；与一次动力电缆同沟（架）布放未采取隔离措施，每一处扣 5 分。

6.3.2　220kV 及以上线路保护和安控通道

评分标准

1）同一条 220kV 及以上线路的两套继电保护和同一系统的主 / 备两套安全自动装置传输通道应由两套独立的通信传输设备分别提供，并分别由两套独立的通信电源供电，其传输通道应具备两条独立的路由，即满足“双设备、双路由、双电源”的“三双”要求。

2）同一条 220kV 及以上线路的保护（安控）传输通道采用专用光纤保护方式时，

两套保护装置必须通过不同光缆路由传送（如不同路径的两根光缆或同塔架设的两根光缆），且每根光缆均应具备备用纤芯，不得采用同一根光缆不同纤芯传输方式；同一线路保护（安控）传输通道，可采用专用光纤保护方式与复用通道保护传输方式搭配，实现“三双”要求。

评价依据

【依据】《国家电网有限公司十八项电网重大反事故措施（修订版）》（国家电网设备〔2018〕979号）

16.3.1.8　同一条220kV及以上电压等级线路的两套继电保护通道、同一系统的有主/备关系的两套安全自动装置通道应采用两条完全独立的路由。均采用复用通道的，应由两套独立的通信传输设备分别提供，且传输设备均应由两套电源（含一体化电源）供电，满足“双路由、双设备、双电源”的要求。

查证及评价方法

抽查220kV及以上线路保护、安控通信方式图；保护专用纤芯资料。

不完全满足“三双”要求的，每一处扣15分；采用专用光纤保护方式，两套线路保护装置接在同一根光缆上，每一处扣5分；保护专用纤芯无备纤，每一处扣3分；无保护专用纤芯资料扣5分；资料不全，扣2分。

6.3.3　自动化业务通道

评分标准

为覆盖全部所辖调度对象的电力调度专用数据网络提供可靠的通道。220kV及以上自动化业务需具备接入不同数据接入网的传输通道或两种数据传输方式。

评价依据

【依据】《国家电网有限公司十八项电网重大反事故措施（修订版）》（国家电网设备〔2018〕979号）

16.3.1.7　电网调度机构与直调发电厂及重要变电站调度自动化实时业务信息的传输应具有两条不同路由的通信通道（主/备双通道）。

查证及评价方法

检查自动化业务通道资料。

所辖调度对象因通道原因未接入电力调度专用数据网络，每一处扣 5 分；220kV 及以上自动化业务不具备接入不同数据接入网的传输通道或两种数据传输方式，每一处扣 3 分。

6.3.4 调度电话业务通道

评分标准

调度电话应覆盖各级调度节点、监控中心、35k 及以上变电站；调度交换网汇接点间互联中继电路应满足主备独立路由要求，第二汇接点应具备不依赖主调与所有 220kV 及以上变电站进行呼叫的能力。

评价依据

【依据 1】《电力通信运行方式管理规定》(Q/GDW 760—2012)

6.2 日常运行方式编制应遵循以下原则：

c）涉及 220 千伏及以上线路、厂站的电网继电保护及安全稳定控制装置、调度电话、自动化信息等重要业务电路的运行方式应满足业务“*N*-1”的原则。

【依据 2】《电力调度交换网组网技术规范》(Q/GDW 754—2012)

4.1.4 总部、分部、省公司宜在异地设立第二汇聚点，作为本级备用汇接交换中心，与主用汇接交换中心组成双机系统，主用、备用调度交换机互相连接，且主用、备用调度交换机分别和上、下一级汇接交换中心主用、备用调度交换机互相连接。典型连接方式见图 2。不具备互连条件时，可采用简化连接方式。

查证及评价方法

检查调度交换汇接点组网拓扑图，联网通道路由资料，调度电话号码表等资料。

调度组网未完成本项不得分；汇接点间联网通道路由不符合要求，扣 10 分；第二汇接点不具备不依赖主调与所有 220kV 及以上变电站进行呼叫的能力，每少一个扣 3 分；相关资料未及时更新或不准确，每一处扣 1 分。

6.4 通信线缆

6.4.1 通信光缆检测

评分标准

备用纤芯应每年至少进行一次测试，测试记录应包括纤芯长度、全程衰减和熔接点插损等指标项目，并含有与原始测试记录比对分析的内容，发现存在的问题，及时进行整改。

评价依据

【依据】《电力通信运行管理规程》（DL/T 544—2012）

11.2.2　光缆测试要求

a）通信运行维护机构应定期组织人员对光缆线路进行测试，保证光缆线路运行状态良好；

b）光纤线路的运行环境及运行状态发生改变后，应重新组织测试，测试数据应报送相应通信机构；

c）光缆线路测试内容应包括线路衰减、熔接点损耗、光纤长度等；

d）应对测试结果进行分析，发现存在的问题，及时进行整改。

查证及评价方法

检查光缆备用纤芯测试记录，检查测试数据分析。

无任何光缆检测记录不得分；记录不全，扣 3 分；未进行测试数据比对分析，扣 2 分。

6.4.2 进场引导光缆

评分标准

OPGW 光缆在门型架的顶端、余缆架的前端、末端应采用专用接地线与变电站地网进行可靠的电气连接；进场光缆采用无金属光缆并加套管保护，套管两端应封堵，地面引上部分加装镀锌钢管防护，钢管上端应封堵，下端弯曲半径符合光缆要求；光缆引下应顺直美观，每隔 1.5m ～ 2m 安装一个固定卡具；光缆在两端和沟道转弯处设置醒目标识。

评价依据

【依据1】《国家电网有限公司十八项电网重大反事故措施（修订版）》（国家电网设备〔2018〕979号）

16.3.2.7　OPGW应在进站门型架顶端、最下端固定点（余缆前）和光缆末端分别通过匹配的专用接地线可靠接地，其余部分应与构架绝缘。采用分段绝缘方式架设的输电线路OPGW，绝缘段接续塔引下的OPGW与构架之间的最小绝缘距离应满足安全运行要求，接地点应与构架可靠连接。OPGW、ADSS等光缆在进站门型架处应悬挂醒目光缆标识牌。

【依据2】《电力系统通信光缆安装工艺规范》（Q/GDW 758—2012）

6.2.2　OPGW光缆

a）光缆敷设最小弯曲半径应大于40倍光缆直径；

b）直通型耐张杆塔跳线从地线支架下方通过时，弧垂应为300mm～500mm；从地线支架上方通过时，弧垂应为150mm～200mm；

c）接地线采用并沟线夹或插片与光缆连接，另一端安装在铁塔或构架主材接地孔上。接地线安装应平滑美观，长短适宜，不应有硬弯或扭曲，连接部位应接触良好，保持全线统一。

d）光缆引下安装：

1）光缆引下应顺直美观，每隔1.5m～2 m安装一个固定卡具，防止光缆与杆塔发生摩擦。引下光缆与站内构架间宜采用匹配的固定卡具加绝缘橡胶进行固定，与构架构件间距不应小于20mm；

2）光缆应在构架顶端、最下端固定点（余缆前）和光缆末端分别通过匹配的专用接地线与构架进行可靠的电气连接。余缆架和接续盒与构架间宜采用匹配的固定卡具加绝缘橡胶进行固定。余缆宜用Φ1.6mm镀锌铁线固定在余缆架上，捆绑点不应少于4处，余缆和余缆架接触良好。

e）导引光缆安装：

1）由接续盒引下的导引光缆至电缆沟地埋部分穿热镀锌钢管保护，钢管两端用防火泥做防水封堵。钢管与站内接地网可靠连接。钢管直径不应小于50 mm。钢管弯曲半径不应小于15倍钢管直径，且使用弯管机制作；

2）光缆在电缆沟内穿延燃子管保护并分段固定在支架上，保护管直径不应小于35mm。继电保护用子管宜采用不同颜色加以区别；

3）光缆在两端和沟道转弯处设置醒目标识；

4）光缆敷设弯曲半径不应小于25倍光缆直径。

查证及评价方法

现场抽查检验。

OPGW 光缆在门型架处未按要求三点接地，每一处扣 5 分；未采用专用接地线，每一处扣 2 分；未采用无金属光缆或未加套管保护、保护管未封堵、弯曲半径不符合要求，每一处扣 2 分；进场引导光缆无标识或标识不清，每一处扣 1 分。

6.4.3 光缆线路路由走廊

评分标准

光缆路由走廊应没有安全隐患，光缆走廊上应无影响光缆安全的危险物；杆塔周围不能有可燃、易燃、易爆物品，对于威胁或影响线路安全的工程施工、房屋拆迁、市政建设等行为应采取有效保护措施。

评价依据

【依据】《电力系统通信光缆安装工艺规范》（Q/GDW 758—2012）

5.1 路由复核

a）光缆敷设前应进行路由复核，路由复核以批准的设计施工图为依据；

b）按设计要求核定光缆路由走向、敷设方式以及环境条件；

c）核定穿越铁路、公路、河流以及其他障碍物的地段、措施及实施可行性；

d）核定光缆线路与其他建筑物、线路交叉跨越间距；

e）初步确定光缆施工分屯点的设置和位置；

f）初步确定牵引场、张力场位置，牵引场、张力场应交通便利，场地地形及面积满足设备、线缆布置及施工操作的要求。

6.1 一般工艺要求

b）光缆敷设前应对光缆路由进行通道处理、障碍物清除，做好交叉跨越等防护措施。

查证及评价方法

现场抽查检验。

光缆路由走廊上存在安全危险物或可燃、易燃、易爆物品，每一处扣 5 分；对于威胁或影响线路安全的工程施工、房屋拆迁、市政建设等行为未采取有效保护措施，每一处扣5分。

6.4.4 光缆接头盒

评分标准

光缆接头盒密封良好，无腐蚀、损坏或变形等异常情况，且应与光缆结合良好，应防止引入缆封堵不严或接续盒安装不正确造成管内或盒内进水结冰导致光纤受力引起断纤故障。余缆盘安装、余缆绑扎应牢固。

评价依据

【依据】《电力系统通信光缆安装工艺规范》（Q/GDW 758—2012）

7.2.3 盘纤及接续盒封装

c）接续盒应密封良好，做好防水、防潮措施，封装方法按照厂家使用说明。

7.2.4 接续盒安装及余缆整理

管道光缆接续盒应牢固固定在人孔壁上；ADSS 光缆及 OPGW 光缆接续盒应用连接件直接固定在铁塔内侧，安装在铁塔的第一级平台上方；OPPC 光缆接续盒用绝缘子固定在接续盒平台或悬挂在铁塔上，中间接续盒封装好后，用带有并沟线夹的电力跳线跨接接续盒两端的 OPPC 光缆。接续盒安装应可靠固定、无松动，宜安装在余缆架上方。

查证及评价方法

检查记录和现场抽查检验。

接头盒存在密封不良、腐蚀、损坏变形等情况，发生因接头盒安装不正确造成断纤故障，每处扣5分；余缆盘安装不规范、余缆绑扎少于四处绑扎或不牢固，每处扣5分。

6.4.5 OPGW 光缆

评分标准

OPGW 光缆、金具应无缺陷和运行状况应良好，光缆的引下部分及盘留部分应无松散现象、余缆盘安装、余缆绑扎应牢固；巡视应有照片记录。

评价依据

【依据1】《国家电网有限公司关于印发十八项电网重大反事故措施（修订版）的通知》（国家电网设备〔2018〕979号）

16.3.3.11 线路运行维护部门应结合线路巡检每半年对OPGW光缆进行专项检查，并将检查结果报通信运行部门。通信运行部门应每半年对ADSS和普通光缆进行专项检查，重点检查站内及线路光缆的外观、接续盒固定线夹、接续盒密封垫等，并对光缆备用纤芯的衰耗进行测试对比。

【依据2】《电力系统光纤通信运行管理规程》（DL/T 547—2010）

6.4.2.2 OPGW

OPGW光缆的巡视可参照DL/T 741进行，主要内容和要求如下：

a）光缆线路金具应完整，不应有变形、锈蚀、烧伤、裂纹、螺栓脱落、金属预绞死断股或松股等现象，金具与光缆之间不应有相应位移；

b）光缆外层金属绞线不应有单丝损伤、扭曲、折弯、挤压、松股等现象；

c）光缆的引下部分及盘留部分不应松散，余缆及余缆架应固定可靠；

d）光缆垂度不应超正常范围；

e）防振锤应无移位、脱落、偏斜、扭转、钢丝断股等现象，并应与地面垂直；

f）阻尼线应无移位、变形、烧伤、扭转、绑线松动等现象，并应与地面垂直；

g）耐张线夹预绞丝缠绕间隙应均匀，预绞丝末端应与光缆相吻合并且排练整齐，预绞丝不应受损；

h）悬垂线夹预绞丝间隙应均匀、不交叉，金具串应与地面垂直，相关技术指标应符合工程设计要求；

i）引下光缆应顺直美观、固定牢固，不应与杆塔碰擦，弯曲半径应符合工程设计要求。

查证及评价方法

现场抽查检验。

OPGW光缆和金具存在缺陷或运行情况发生变化，每一处扣2分；光缆引下、余缆未按工艺要求固定，每一处扣2分；未接地，每一处扣2分；无巡视照片记录，扣5分。

6.4.6 ADSS 光缆

评分标准

ADSS 光缆、金具应无缺陷和运行状况应良好，光缆弧垂变化应不超过正常范围，光缆预绞丝端部、防震器与光缆结合部附近应无电腐蚀现象。光缆线路上应无悬挂异物。

评价依据

【依据 1】《国家电网有限公司十八项电网重大反事故措施（修订版）》（国家电网设备〔2018〕979 号）

16.3.3.11 线路运行维护部门应结合线路巡检每半年对 OPGW 光缆进行专项检查，并将检查结果报通信运行部门。通信运行部门应每半年对 ADSS 和普通光缆进行专项检查，重点检查站内及线路光缆的外观、接续盒固定线夹、接续盒密封垫等，并对光缆备用纤芯的衰耗进行测试对比。

【依据 2】《电力系统光纤通信运行管理规程》（DL/T 547—2010）

6.4.2.3 ADSS 光缆

光缆的巡视可参照 DL/T 741 进行，主要内容和要求如下：

a）光缆线路金具应完整，不应有变形、锈蚀、烧伤、裂纹、螺栓脱落、金属预绞死断股或松股等现象，金具与光缆之间不应有相应位移；

b）光缆外层不应有损伤，表面不应有电腐蚀现象，憎水性能不应被破坏；

c）光缆的引下部分及盘留部分不应松散，余缆及余缆架应固定可靠；

d）光缆垂度不应超过正常范围；

e）剪除影响光缆的树枝，消除光缆上的杂物；

f）光缆与其他设施、树木、建筑物等的最小静距应满足要求。

查证及评价方法

现场抽查检验。

ADSS 光缆和金具存在缺陷或运行情况发生变化，每一处扣 2 分；ADSS 光缆有电腐蚀现象，每一处扣 3 分；有异物悬挂，每一处扣 1 分；无巡视照片记录，扣 5 分。

6.4.7 架空普通光缆

评分标准

普通光缆及吊线弧垂应符合规范要求，光缆外护套应无损伤，光缆吊线无锈蚀和断股，电力杆和通信杆金具、挂钩数量及位置符合要求；光缆与其他线缆、设施或树木等的间距符合要求，光缆与公路交叉跨越的垂直距离符合要求，光缆经过变压器或与其他线缆交越处应安装防护装置。

评价依据

【依据2】《电力系统通信光缆安装工艺规范》(Q/GDW 758—2012)

6.3 普通架空光缆

6.3.1 杆路架设

d) 直线杆应上下垂直，杆身中心垂线与路由中心线左右偏差不应大于5cm。角杆杆梢应在线路转角点向外倾斜约一个杆梢。终端杆杆身应向张力反侧倾斜10cm～20cm。

6.3.2 拉线、吊线

e) 架设吊线时若发现有断股、松散等有损吊线机械强度的伤残部分，应剪除后再进行接续；

f) 吊线及拉线等用铁线绕扎处应做防锈处理。

6.3.3 交叉跨越、过配电变压器

b) 光缆线路与架空电力线路交越时，应在交越处作绝缘处理；

c) 光缆线路经过变压器杆时，应采用横担支架或加立专用电杆等措施，线路与配电变压器及其引下线的距离大于0.5m，并应根据情况增加绝缘保护措施；

d) 吊线应与配电变压器、分支线的跌落式熔断器相对安装在电力杆的两侧，不应从高压引下线中间穿过。

查证及评价方法

现场抽查检验。

光缆外护套有损伤、吊线锈蚀和断股、金具和挂钩数量有缺失，每一处扣1分；与其他线缆等间距不符合要求，每一处扣1分；与公路等交叉跨越垂直距离不符合要求，扣2分；光缆经过变压器或与其他线缆交越处未安装防护装置，每一处扣2分。

6.4.8 直埋光缆

评分标准

直埋光缆的光缆沟应无冲刷、塌陷情况，沟坎加固等保护措施应完整、可靠；无光缆外露情况，光缆引上、引下保护设施应完好；同沟多条光缆时，应平行排列，不应重叠或交叉。

评价依据

【依据】《电力系统通信光缆安装工艺规范》（Q/GDW 758—2012）

6.5 直埋光缆

6.5.1 挖沟

a）光缆沟上宽度应以不塌方为宜，且要求底平、沟直，石质、半石质沟沟底应铺设 10cm 厚细土或沙土。

6.5.2 光缆敷设

b）同沟布放多条光缆时，应平行排列，不应重叠或交叉，缆间平行净距不应小于 10cm。

查证及评价方法

现场抽查检验。

光缆沟有冲刷、塌陷情况、沟坎加固等保护措施不可靠，每一处扣 1 分；有光缆外露、引上和引下未采取保护措施，每一处 2 分；同沟内多条光缆时，未平行排列，有重叠活交叉，每一处扣 2 分。

6.4.9 管道光缆

评分标准

管道光缆外护层应无损伤、无变形、不易受外力破坏等情况；光缆盘留整齐并绑扎牢固；隧道内光缆托架和托板完好；光缆走线排列应整齐、绑扎牢固、标识清晰；管道井和隧道内无积水、杂物和易燃易爆危险物品。

评价依据

【依据】《电力系统通信光缆安装工艺规范》（Q/GDW 758—2012）

6.4 管道光缆

b）电力沟体中敷设光缆，保护管敷设应平直，沿沟壁安装、固定，不应与电力电缆扭绞；

c）电力管道中敷设光缆，管孔位置应全线一致，不应任意变换。光缆接头和余缆应在专用通信接头孔中存放。

查证及评价方法

现场抽查检验。

管道光缆外护层有损伤和变形，每一处扣 1 分；光缆盘留不整齐或绑扎不牢固，每一处扣 1 分；隧道内光缆走线排列不整齐、绑扎不牢固、标识不清晰，每一处扣 1 分；管道井和隧道有积水、杂物，每一处扣 1 分；有易燃易爆危险物品，每一处扣 2 分。

6.4.10 通信电缆

评分标准

室外通信电缆、电力电缆、塔灯电缆以及其他电缆进入通信机房前应水平直埋 15m 以上（深度 >0.6mm）；若为电缆沟则应用屏蔽电缆，且电缆屏蔽层两端接地；非屏蔽电缆应穿镀锌铁管（长度 15m），铁管两端接地；非屏蔽塔灯电缆应穿金属管，金属管两端与塔身连接；微波馈线电缆应在塔上部、中部（进机房前）和塔身可靠连接；微波馈线桥进入站内前，应在始末两端均和接地网相连；进入机房的通信电缆应首先接入保安配线架（箱），保安配线架（箱）性能、接地应良好；引至站所外的通信电缆空线对应接地。

评价依据

【依据】《电力系统通信站过电压防护规程》（DL/T 548—2012）

4.1.1.3.7 金属管道引入室内前应水平直埋 15m 以上，埋地深度应大于 0.6m，并在入口处接入接地网，如不能买入地中，金属管道室外部分应沿长度均匀分布，等电位接地。

4.1.2.4 微波塔上的警航灯电源线应选用金属外皮电缆或将导线穿入金属管，各段金属管之间应保证电气连接良好（屏蔽连接），金属外皮或金属管至少应在上下两端与塔身金属结构连接，进入机房前应水平直埋15m以上，埋地深度应大于0.6m。

4.2.2 架空电力线由终端杆引下后应更换为屏蔽电缆，进入室内前应水平直埋15m以上，埋地深度应大于0.6m，屏蔽层等电位接地；非屏蔽电缆应穿镀锌铁管并水平直埋15m以上，铁管应等电位接地。

4.2.3 室外通信电缆应采用屏蔽电缆，屏蔽层应等电位接地；对于既有铠装又有屏蔽层的电缆，在机房内应将铠带和屏蔽层同时接地，而在另一端只将屏蔽层接地点。电缆进入室内前应水平直埋15m以上，埋地深度应大于0.6m。非屏蔽电缆应穿镀锌铁管并水平直埋15m以上，铁管应等电位接地。

查证及评价方法

现场抽查检验。

对照评分标准，有一处不符合要求，扣2分。

6.4.11 光缆线路标识和标牌

评分标准

光缆在线路及接头、沟道、转弯、交跨处应有醒目标识；电力管沟或共用管道中敷设的光缆在每只手孔处都应挂设线路标识。

评价依据

【依据】《电力系统通信光缆安装工艺规范》（Q/GDW 758—2012）

9.2 光缆在线路及接头、沟道、转弯、交跨处应有醒目标识，自立杆全线应统一编号；

9.6 电力管沟或共用管道中敷设的光缆在每只手孔处都应挂设线路标识，标识一般挂在子管或保护管上，其他管道中至少应每500m设一块标识。

查证及评价方法

现场抽查。

对照评分标准，有一处不符合要求，扣1分。

7 信息通信机房及电源设施

信息通信机房及电源设施主要包括信息通信机房、机房电源设施两部分19项查评内容，查评分共计300分。其中信息通信机房包括物理位置的选择、物理访问控制、防盗窃和防破坏、电磁防护、防雷接地、防火、防小动物、防水和防潮、防静电、防尘除尘、温/湿度控制、照明、机房监控系统、设备标识、机房定置和逃生16项内容；机房电源设施包括通信电源、交流电源和不间断电源3项内容。

7.1 信息通信机房

特别说明：电力调控机房参照此部分查评标准。

7.1.1 物理位置的选择

评分标准

1）机房场地选择在具有防震、防风和防汛等能力的建筑内。

2）机房位置应避免设在建筑物的高层或地下室，以及用水设备的下层；对于多层或高层建筑物内的信息机房，在确定主机房的位置时，应对设备运输、管线敷设、雷电感应和结构载荷等问题进行综合分析和经济比较。

评价依据

【依据1】《国家电网公司信息机房设计及建设规范》（Q/GDW 1343—2014）

5.1 机房位置选择

5.1.1 机房位置选择应符合下列要求：

a）电力稳定可靠，交通通信方便，自然环境清洁安静，并远离产生粉尘、油烟、有害气体以及生产或贮存具有腐蚀性、易燃、易爆物品的工厂和堆场等；

b）避开强电磁场干扰，并远离强振源和强噪声源；当无法避开强干扰源、强振源或为保障信息系统设备安全运行，可采取有效的防护措施；

c）远离水灾和火灾隐患区域，避免选择低洼、潮湿的地方；

d）远离落雷区、地震多发带；

e）避免设在建筑物的高层或地下室，以及用水设备的下层；

f）机房所在建筑物应满足或超过当地抗震设防烈度的要求；

g）A、B级信息机房所在大楼应具备两条及以上完全独立且不同路由的电缆沟（竖井）。

5.1.2　对于多层或高层建筑物内的信息机房，在确定主机房的位置时，应对设备运输、管线敷设、雷电感应和结构载荷等问题进行综合分析和经济比较；采用机房专用空调的主机房，应具备安装空调室外机的建筑条件。

【依据2】《独立通信机房设计与验收规范》（Q/GDW 11638—2016）

6.1.1　机房建筑位置选择应符合以下要求：

a）应选择电力供应稳定可靠、交通通信便捷、自然环境清洁的场地；

b）应远离粉尘、油烟、有害气体以及生产或贮存具有腐蚀性、易燃、易爆物品的场地；

c）应远离水灾、火灾隐患区域，避免选择低洼、潮湿的地方；

d）应远离强振源和强噪声源的地方，应避开强电磁场干扰；

e）应远离落雷区、地震多发带；

f）所在建筑物应满足当地抗震设防烈度的要求。

6.1.2　对于多层或高层建筑物内的通信机房，在确定主设备机房的位置时，应对设备运输、管线敷设、雷电感应和结构荷载等问题进行综合考虑和经济比较；采用机房专用空调的主设备区，应具备安装室外机的建筑条件。

6.1.3　机房位置不宜选择在建筑物的顶层或底层及用水设备的下层。

6.1.4　机房位置应方便光缆及其他线缆施工。

6.1.5　当机房无法避开强振源、强噪声源、强电磁场时，应采取有效的屏蔽措施。

6.1.6　A类、B类机房宜靠近信息机房、自动化机房。

6.1.7　A类、B类主设备区与辅助区距离不宜过长，以免电源电缆压降过大，且合理考虑空调室外机的安装位置。

6.2.7　A类、B类机房建筑物或220kV及以上变电站独立通信机房建筑物应设两个独立的弱电井（间），且两个弱电井（间）分别连至建筑物出入的不同方向的沟道，机房应通过独立路径分别至建筑物的两个弱电井（间）。

二、查证及评价方法

实地检查机房，并查阅相关机房竣工图等施工资料，确定是否满足物理位置选择的要求。

机房场地选择不符合要求，每发现一处，扣5分。

7.1.2 物理访问控制

评分标准

1）机房出入口设置电子门禁系统，控制、鉴别和记录进入的人员。

2）进入机房的来访人员需经过申请和审批流程，由专人陪同工作，并限制和监控其活动范围。

3）进入机房人员需操作机柜内设备，应在相关手续中明确所需操作的设备。

评价依据

【依据1】《国家电网公司信息机房管理规范》（Q/GDW 344—2009）

7.1 出入管理

非机房运行和管理人员未经许可，不得进入机房。如需进入，须经运行部门领导同意，办理登记手续，并由有关人员陪同方可进入。

工作人员进入信息机房，如需对设备进行操作时，当班值班人员应负责严格审核工作票的有效性，办理工作许可手续，进行登记后方可允许进入信息机房；工作完毕应通知当班值班人员办理完工手续后方可离开。

【依据2】《国家电网公司通信安全管理办法》[国网（信息/3）427—2014]

第十二条 运维安全管理的具体要求

（四）机房出入管理的具体要求如下：

进入机房人员需操作机柜内设备，应在相关手续中明确所需操作的设备。机房值班人员应通过监视摄像系统对进入机房人员的活动进行监视，对超出许可活动范围和违反机房管理的行为及时制止。

【依据3】《独立通信机房设计与验收规范》（Q/GDW 11638—2016）

12.3.4 A类、B类机房出入口应配置电子门禁系统，鉴别进出人员身份并登记在案，且门禁系统应与UPS电源系统连接。A类机房应设置人员分区、分级授权管理智能门禁系统。

查证及评价方法

实地检查机房门禁，并查阅机房出入记录和相关资料。

机房出入口未设置电子门禁系统，每发现一处，扣5分；来访人员未经过申请和审批流程等，每发现一次，扣3分；手续中未明确所需操作的设备，发现一处，扣2分。

7.1.3 防盗窃和防破坏

评分标准

1）主要信息通信设备应放置在机房内，设备或主要部件固定牢固，并设置规范的标签。

2）通信线缆敷设在隐蔽处，依传输介质不同而分类标识。备用线缆存储在介质库、档案柜或档案室中。主机房内的介质库、档案柜使用防火材料，机房安装必要的防盗报警设施。

3）机房内或附近不得存放易燃、易爆、易腐蚀等危险物品。

评价依据

【依据1】《国家电网公司管理信息系统安全等级保护验收规范》（Q/GDW 595—2011）

5.1.1 防盗窃和防破坏：主要信息设备要放置在机房内；设备或主要部件进行固定，并设置明显的标签；将通信线缆铺设在隐蔽处，可铺设在地下或管道中；对介质分类标识，存储在介质库、档案柜或档案室中，主机房内的介质库、档案柜使用防火材料；主机房安装必要的防盗报警设施。

【依据2】《电力通信系统安全检查工作规范》（Q/GDW 756—2012）

4.4 机房设施检查

e）机房具有防小动物设施和安全防盗设施；

g）机房消防器材定期检查，记录齐全，不得存放易燃、易爆、易腐等危险物品。

【依据3】《国家电网公司信息机房设计及建设规范》（Q/GDW 1343—2014）

12.1.1 信息机房应设置环境和设备监控系统及安全防范系统。

12.3.1 安全防范系统宜由视频安防监控系统、入侵报警系统和出入口控制系统组成，各系统之间应具备联动控制功能。

查证及评价方法

实地检查机房，检查设备是否固定，是否设置规范标签，是否安装安防系统，是否有危险物品。

主要信息通信设备未按规定放置、设备或主要部件未进行固定等，每发现一处，扣5分；未将通信线缆敷设在隐蔽处，每发现一处，扣3分；存储未放置在介质库、档案柜或档案室中，每发现一处，扣 1 分；主机房内的介质库、档案柜未使用防火材料，每发现一处，扣 1 分；机房未安装必要的防盗报警设施，每发现一处，扣 1 分；机房存有危险物品，每发现一处，扣 5 分。

7.1.4 电磁防护

评分标准

1）机房强、弱电井应主备设置，强、弱电宜独立设井，当强、弱电不能独立设井时，需采用独立的封闭电缆槽（管）隔离。

2）机房内电源线和通信线缆应隔离敷设，避免互相干扰。

3）机房和辅助区内磁场干扰环境场强不应大于 800A/m。

评价依据

【依据 1】《国家电网公司信息机房设计及建设规范》（Q/GDW 1343—2014）

6.2.3 主机房和辅助区内磁场干扰环境场强不应大于 800A/m。

【依据 2】《国家电网公司管理信息系统安全等级保护验收规范》（Q/GDW 595—2011）

5.1.1 电磁防护：电源线和通信线缆应隔离铺设，避免互相干扰。

查证及评价方法

实地检查机房和相关资料，检查电源线和通信线缆敷设是否满足要求；检查机房和辅助区内磁场干扰环境场强。

强、弱电井未主备设置，每发现一处，扣 5 分；强弱电未独立设井或未采用独立的封闭电缆槽（管）隔离，每发现一处，扣 5 分；机房电源线和通信线缆未隔离敷设，每发现一处，扣 3 分；机房和辅助区内磁场干扰环境场强大于 800A/m，扣 15 分。

7.1.5 防雷接地

评分标准

1）机房内所有设备的金属外壳，金属框架，各种电缆的金属外皮以及其他金属构件，应良好接地；通信设备的保护地线应符合防雷规程的规定；机房应有接地布放图、引入接地点对应外墙下应有“接地点引入”标识。

2）配电屏或整流器入端三相对地应装有防雷装置，并且性能良好。

3）机房防雷接地网、室内均压网、屏蔽网等施工材料、规格及施工工艺应符合要求；焊接点应进行防腐处理，接地系统隐蔽工程设计资料、记录及重点部位照片应齐全。

4）每年雷雨季节前应对机房接地设施进行检查和维护，机房和微波塔的接地电阻应符合要求，应有定期测试报告。

评价依据

【依据 1】《电力系统通信站过电压保护规程》（DL/T 548—2012）

4.1.3 通信机房内的接地

1）通信机房内应围绕机房敷设环形接地母线，且“接地引入点”应有明显标志。环形接地母线一般应采用截面不小于 $90mm^2$ 的铜排或 $120mm^2$ 镀锌扁钢。在机房外，应围绕机房建筑敷设闭合环形接地网，机房环形接地母线及接地网和房顶闭合均压带间，至少应有 4 条对称布置的连接线（或主钢筋）相连，相邻连接线间的距离不宜超过 18m。

2）机房内走线架，各种线缆的金属外皮，设备的金属外壳和框架、进风道、水管等不带电金属部分，门窗等建筑物金属结构以及保护接地、工作接地等，应以最短距离与环形接地母线相连。采用螺栓连接的部位可用含银环氧树脂导电胶粘合，或采用足以保证可靠电气连接的其他方式。

3）各类设备保护地线宜用多股铜导线，其截面应根据最大故障电流来确定，一般不小于 $16 \sim 95mm^2$；导线屏蔽层的接地线截面面积，应大于屏蔽层截面面积的 2 倍。接地线的连接应保证电气接触良好，连接点应进行防腐处理。

4）金属管道引入室内前应平直地埋 15m 以上，埋深应大于 0.6m，并在入口处接入接地网，如不能埋入地中，至少应在金属管道室外部分沿长度均匀分布在两处接地，接地电阻应小于 10Ω，在高土壤电阻率地区，每处接地电阻不应大于 30Ω，但应适当增加接地处数。

5）电缆沟道、竖井内的金属支架至少应两点接地，接地点间距离不应大于 30m。

6）其他信息缆线如需穿越通信机房，必须采用屏蔽电缆，屏蔽层两端可靠接地。或布敷在金属管道或金属桥架内，金属管道或金属桥架应与机房内的环形接地母线可靠连接。如与通信缆线合用金属桥架，桥架内应予以分隔。

7）引入机房的电缆空线对，应在引入设备前分别对地加装保安装置，以防引入的雷电在开路导线末端产生反击。

5.3.1 防雷工程施工单位应按照设计要求精心施工，工程建设管理部门应有专人负责监督，对于隐蔽进工程应行随工验收，重要部位应进行拍照和专项记录。

5.4 运行维护

5.4.1 通信站应建立专门的防雷接地档案，包括通信站防雷系统接地线、接地网、接地电阻及防雷装置安装的原始记录及日常防雷检查记录。

5.4.2 每年雷雨季节前应对通信站接地系统进行检查和维护，主要检查连接处是否紧固，接触是否良好、接地引下线是否锈蚀、接地体附近地面有无异常，必要时应挖开地面抽查地下隐蔽部分的锈蚀情况，如果发现问题应及时处理。

4.1.1 接地电阻值

接地电阻越小过电压值越低，因此在经济合理的前提下应尽可能地降低接地电阻，其要求如表所示。

接地电阻要求

序号	接地网名称	接地电阻（Ω）	
		一般	高土壤电阻率
1	调度通信楼（包括在变电站控制楼内的通信机房）	<1	<5
2	独立通信站	<5	<10
3	独立避雷针	<10	<30

查证及评价方法

实地检查机房和相关资料、接地电阻测试报告，检查防雷接地装置是否满足要求。

机房设备等未接地，每发现一处，扣 2 分；接地线截面积不合格或施工工艺不规范，每发现一处，扣 1 分；无机房接地线布放图、无接地点引入标识，每发现一处，扣 1 分；机房建筑未设置避雷装置，每发现一处，扣 10 分；机房未设置交流电源地线，每发现一处，扣 5 分；配电屏或整流器输入端三相对地未装防雷装置，每发现一处，扣 5 分；机房防雷接地网等隐蔽工程资料不合格，新站每发现一处，扣 2 分；老站每发现一处扣 1 分；接地电阻不符合要求，每发现一处，扣 5 分；无定期接地电阻测试报告，每发现一处，扣 10 分。

7.1.6 防火

评分标准

1）机房应设置灭火设备和火灾自动报警系统；灭火器等消防器材应合格，并有定期检查记录，位置清晰，方便使用；凡设有洁净气体灭火系统的机房应配置专用的空气呼吸器或氧气呼吸器。

2）采用感烟、感温两种探测器的组合，能够自动检测火情、自动报警。

3）机房门应采用防火材料，并保证在任何情况下都能从机房内打开。

4）进出设备底部和机房的孔洞封堵严密。

评价依据

【依据】《国家电网公司信息机房设计及建设规范》（Q/GDW 1343—2014）

14.2.7　信息机房内，手提灭火器的设置应符合国标《建筑灭火器配置设计规范》的规定。灭火剂不应对信息设备造成污渍损害。

14.3.2　凡设有洁净气体灭火系统的机房，应配置专用的空气呼吸器或氧气呼吸器。

14.3.3　主机房内存放记录介质应采用金属柜或其他能防火的容器。

查证及评价方法

实地检查机房和相关资料，检查消防系统是否符合要求。

机房未设置灭火设备和火灾自动报警系统，设有洁净气体灭火系统的机房未配置专用的空气呼吸器或氧气呼吸器，每发现一处，扣 10 分；灭火器等消防器材不合格，每发现一处，扣 5 分；没有定期检查及记录，每发现一处，扣 2 分；未采用感烟、感温两种探测器的组合，每发现一处，扣 5 分；机房门未使用防火材料等，每发现一处，扣 5 分；进出设备底部和机房的孔洞未封堵严密，每发现一处，扣 2 分。

7.1.7　防小动物

评分标准

机房应有防小动物措施。

评价依据

【依据】《电力系统通信站安装工艺规范》（Q/GDW 759—2012）

4　通信站基础设施要求

g）机房应具备防小动物措施，进出机房的线缆管孔应做好封堵。

查证及评价方法

实地检查机房防小动物措施是否到位。

机房无防小动物措施，每发现一处，扣 3 分。

7.1.8 防水和防潮

评分标准

1）机房尽量避开水源，与机房无关的给排水管道不得穿过机房，与机房相关的给排水管道必须有可靠的防渗漏措施。

2）应采取措施防止雨水通过机房窗户、屋顶和墙壁渗透。

3）应采取措施防止机房内水蒸气结露和地下积水的转移与渗透。

评价依据

【依据】《国家电网公司信息机房设计及建设规范》（Q/GDW 1343—2014）

13.1　主机房应尽量避开水源，与主机房无关的给排水管道不得穿过主机房。

13.2　主机房内的设备需要用水时，其给排水干管应暗敷。管道穿过主机房墙壁和楼板处，应设置配套管道与套管之间应采取可靠的密封措施。

13.3　主机房或辅助区设有地漏时，应采用洁净室专用地漏或自闭式地漏，地漏下应加设水封装置并应采取防止水封损坏和反溢措施。

13.5　机房内的给排水管道、空调管道应采取防渗漏和防结露措施，暗敷的给水管宜用无缝钢管，管道连接宜用焊接。

查证及评价方法

实地检查机房和相关资料，检查是否满足防水需要。

与机房无关的给排水管道穿过机房，每发现一处，扣 3 分；与机房相关的给排水管道无可靠的防渗漏措施，每发现一处，扣 1 分；未采取措施防止雨水通过机房窗户、屋顶和墙壁渗透，每发现一处，扣 3 分；未采取措施防止机房内水蒸气结露和地下积水的转移与渗透，每发现一处，扣 1 分。

7.1.9 防静电

评分标准

1）主机房和辅助区的地板或地面应有静电泄放措施和接地构造。

2）机房内所有设备的可导电金属外壳、各类金属管道、金属线槽、建筑物金属结构等必须进行等电位联结并接地。

评价依据

【依据】《国家电网公司信息机房设计及建设规范》（Q/GDW 1343—2014）

9.5.1 主机房和辅助区的地板或地面应有静电泄放措施和接地构造，防静电地板或地面的表面电阻或体积电阻应为 $2.5\times10^{4}\sim1.0\times10^{9}\Omega$，其导电性能应长期稳定，且应具有防火、环保、耐污耐磨性能。

9.5.2 主机房和辅助区中不使用防静电地板的房间，可敷设防静电地面，其静电性能应长期稳定，且不易起尘。

9.5.3 主机房和辅助区内的工作台面材料宜采用导静电或静电耗散材料，其静电性能指标应符合第 9.5.1 条的规定。

9.5.4 信息机房内所有设备的可导电金属外壳、各类金属管道、金属线槽、建筑物金属结构等必须进行等电位联结并接地。

9.5.5 静电接地的连接线应有足够的机械强度和化学稳定性，宜采用焊接或压接，当采用导电胶与接地导体粘接时，其接触面积不宜小于 20cm^2。

9.5.6 主机房内绝缘体的静电电位不应大于 1kV。

查证及评价方法

实地检查机房和相关资料，检查是否采取了接地防静电措施。

机房内设备未采用必要的接地防静电措施，每发现一处，扣 5 分；机房地板或地面未采用静电泄放措施和接地构造，每发现一处，扣 2 分；机房内防静电措施指标不达标，没发现一处，扣 2 分。

7.1.10 防尘除尘

评分标准

1）进入机房应更换拖鞋或戴鞋套。

2）设备、机柜表面及通风口无明显灰尘，无污渍、无锈蚀。

3）保持机房环境整洁。

评价依据

【依据 1】《国家电网公司管理信息系统安全等级保护验收规范》（Q/GDW 595—2011）

5.1.1　防尘除尘：进入机房应更换拖鞋或戴鞋套；应禁止将食物带入机房内，机房内不得存放食物；定期打扫机房卫生。

【依据 2】《国家电网公司信息机房管理规范 》（Q/GDW 344—2009）

5.2　信息机房清洁要求如下：

5.2.1　设备、机柜表面及通风口无明显灰尘，无污渍、无锈蚀；

5.2.2　天花板、墙面、地面清洁无杂物，活动地板无损坏。

7.1　出入管理

进入信息机房的人员在进机房前应更换拖鞋或戴好鞋套，并做好清洁工作，防止将灰尘及其他杂物带入机房。

7.5　清洁卫生管理

建有信息机房清洁卫生制度。定期做好信息机房及设备的清洁保养。工作人员进入信息机房须着工作服、换拖鞋，做到随手关门，尽量减少灰尘，拖鞋及工作服要经常清洗，保持清洁。信息机房内工作完毕，应及时整理机房现场环境，保持机房整洁。

查证及评价方法

实地检查机房，检查是否满足环境整洁要求。

对照评分标准，每发现一处不符合项，扣 2 分。

7.1.11　温 / 湿度控制

评分标准

1）机房应配置独立专用空调和温 / 湿度计量设施。

2）A、B 类机房温度应控制在 23℃ ±1℃，湿度应控制在 40% ～ 55%；C 类机房温度应控制在 20℃～ 26℃，湿度应控制在 35% ～ 75%。

评价依据

【依据】《国家电网公司信息机房设计及建设规范》（Q/GDW 1343—2014）

8.1.1　主机房和辅助区中的空气调节系统应根据信息机房的等级。

环境要求

技术要求	A级	B级	C级	D级	备注
主机房温度（开机时）	23℃ ±1℃		20℃～26℃	18℃～28℃	不得结露
主机房相对湿度（开机时）	40%～55%		35%～75%	35%～75%	
主机房温度（停机时）	5℃～35℃				
主机房相对湿度（停机时）	40%～70%		20%～80%		
主机房和辅助区温度变化率（开、停机时）	<5℃/h		<10℃/h		
辅助区温度、相对湿度（开机时）	18℃～28℃、35%～75%				

8.1.2　A、B级信息机房的主机房应设置独立的完善空调系统和新风系统，C级信息机房的主机房宜设置独立的空调系统和新风系统。

查证及评价方法

现场检查。

机房无独立专用空调，每发现一处，扣10分；机房温湿度不符合要求，每发现一处，扣5分。

7.1.12　照明

评分标准

1）正常照明时，应该保证足够的亮度，保证运维人员能在机房内进行设备各类运维和操作的照明需要；蓄电池室等防火、防爆重点场所的照明设备应采用防爆型；蓄电池室需有通风装置。

2）机房各类设备区、运行值班区、相关楼道和过道应设事故照明，并保证正常照明失电时，能可靠使用。

3）值班室应配置便携式应急照明灯，以备紧急状态下值班员随身携带使用。

评价依据

【依据 1】《电气装置安全装工程蓄电池施工及验收规范》（GB 50172—2012）

第 3.0.7 条：蓄电池室应采用防爆型灯具、通风电机，室内照明线应采用穿管暗敷，室内不得装设开关和插座。

【依据 2】《国家电网公司信息机房设计及建设规范》（Q/GDW 1343—2014）

9.3.1 机房照明的照度标准应符合下列规定：

（1）机房的平均照度可按 200、300、500lx 取值；

（2）基本工作间、第一类辅助房间的平均照度可按 100、150、200 lx 取值。

9.3.4 工作区内一般照明的均匀度（最低照度与平均照度之比）不宜小于 0.7。非工作区的照度不宜低于工作区平均照度的 1/5。

9.3.5 机房内应设置应急照明系统和备用照明灯，其照度宜为一般照明的 1/10。A 类主机房应急照明系统的照明时间不得小于 30 分钟。

9.3.6 机房应设置疏散照明和安全出口标志灯，其照度不应低于 0.5 lx。

查证及评价方法

实地检查机房照明配置，并进行有效性检查。

无正常照明，本项不得分；正常照明亮度不够或有损坏，每发现一处，扣 2 分；蓄电池室等防火、防爆重点场所未配备防爆照明的，扣 2 分；无事故照明，每发现一处，扣 5 分；不能可靠使用，每发现一处，扣 2 分；值班室未配置便携式应急照明灯，每发现一处，扣 5 分；应急照明灯失效扣 3 分。

7.1.13 机房监控系统

评分标准

机房应具备动力环境和设备监测系统，并接入机房运行监控系统；机房监控系统应具有本地和远程报警功能。

评价依据

【依据】《国家电网有限公司十八项电网重大反事故措施（修订版）》（国家电网设备〔2018〕979 号）

16.3.3.2　通信站内主要设备及机房动力环境的告警信息应上传至 24h 有人值班的场所。通信电源系统及一体化电源 -48V 通信部分的状态及告警信息应纳入实时监控，满足通信运行要求。

查证及评价方法

检查机房集中运行监控系统。

机房无动力环境监测，每发现一处，扣 10 分；动力环境和设备监测系统未接入机房运行监控系统，每发现一处，扣 3 分；机房监控系统不具备本地和远程报警功能，每缺少一个功能，扣 5 分。

7.1.14　设备标识

评分标准

1）信息通信设备、光缆及其他辅助设备运行良好，名称、编号标识应准确、规范、齐全、清晰。

2）所有涉及保护、安稳及系统业务的专用设备、专用传输设备接口板、线缆、配线端口等标识应采用与其他标识不同的醒目颜色。

评价依据

【依据 1】《国家电网公司信息机房管理规范》（Q/GDW 344—2009）

5.4.5　设备应有标识，标识内容至少包含设备名称、维护人员、设备供应商、投运日期、服务电话，IP 设备应有 IP 地址标识。

5.4.6　网络交换机已使用的端口、网络线、配线架端口都应有标识，标识内容应简明清晰，便于查对。

【依据 2】《电力通信运行管理规程》（DL/T 544—2012）

11.1.2　通信设备与电路的维护要求

b）通信设备应有序整齐，标识清晰准确。承载继电保护及安全稳定装置业务的设备及缆线等应有明显区别于其他设备的标识。

【依据 3】《电力系统通信站安装工艺规范》（Q/GDW 759—2012）

7　通信站标识要求

通信站标识应参照国家电网公司相关规定执行：

a）标识内容包括：国家电网公司 LOGO、机柜名称、设备型号、运行维护单位简称、负责人、联系电话、投运时间和制卡时间等相关信息，并预留电子标签位置；

b）各类标签、标识可根据设备和屏体的尺寸、大小进行统一规范。同一种型号设备标识应粘贴或悬挂在设备的同一位置，要求平整、美观，不能遮盖设备出厂标识。对于标识形式，材质、固定形式、颜色、字体的具体要求应根据国家电网公司发布的相关规定进一步细化，并制定相应的实施细则，以保证通信站内通信设施的标识统一性；

c）标签、标识应采用易清洁的材质，符合 UL969 标准、ROHS 指令。背胶宜采用永久性丙烯酸类乳胶，室内使用 10 ～ 15 年；

d）通信线缆在进出管孔、沟道、房间及拐弯处应加挂标识，直线布放段应根据现场情况适当增加标识。所有涉及保护、安稳及系统业务的专用设备、专用传输设备接口板、线缆、配线端口等标识应采用与其他标识不同的醒目颜色。

查证及评价方法

现场检查。

设备无标识，每发现一处，扣 5 分；标识不符合要求，每发现一处，扣 1 分；涉及保护、安稳及系统业务的专用设备、专用传输设备接口板、线缆、配线端口未采用与其他标识不同的醒目颜色，每发现一处，扣 2 分。

7.1.15 机房定置

评分标准

1）设备分布具有定置分布图。

2）通道以及机柜间距符合要求。

评价依据

【依据 1】《电力系统通信站安装工艺规范》（Q/GDW 759—2012）

5.1 屏体安装

屏体的安装位置应符合施工图的设计要求，机柜按设计统一编号。同一机房的屏体尺寸、颜色宜统一。

【依据 2】《国家电网公司信息机房设计及建设规范》（Q/GDW 1343—2014）

5.3.3 主机房内通道与设备间的距离应符合下列规定：

a）两相对机柜正面之间的距离不应小于 1.2m；

b）机柜侧面距墙不应小于 0.5m，当需要维修测试时，则距墙不应小于 1.2m；

c）走道净宽不应小于 1.2m；

d）成行排列的机柜，其长度超过 6m 时，两端应设有出口通道；当两个出口通道之间的距离超过 15m 时，在两个出口通道之间还应增加出口通道。出口通道的宽度不宜小于 lm，局部可为 0.8m；

e）两排机柜之间的距离不应小于 1.2m。

查证及评价方法

现场检查设备分布情况和定置分布图。

无设备分布定置图；每发现一处，扣 5 分；图物不符，每发现一处，扣 1 分；通道及机柜间距不符合标准要求，每发现一处，扣 2 分。

7.1.16 逃生

评分标准

紧急疏散通道指示明显并保持畅通。

评价依据

【依据】《国家电网公司信息机房设计及建设规范》（Q/GDW 1343—2014）

7.2.1 主机房宜设置单独出入口，当与其他功能用房共用出入口时，应避免人流、物流的交叉。若主机房长度超过 15 米或面积大于 100 平方米的机房应设置两个及以上出口，并宜设于机房的两端。

7.2.2 主机房门应向疏散方向开启，且应自动关闭，并应保证在任何情况下均能从机房内开启。走廊、楼梯间应畅通并有明显的出口指示标志。

9.3.7 信息机房应设置通道疏散照明及疏散指示标志灯。

14.3.1 主机房出口应设置向疏散方向开启且能自动关闭的门，门应是防火材料，并应保证在任何情况下都能从机房内打开。

查证及评价方法

现场检查。

无紧急疏散通道指示，每发现一处，扣 5 分；疏散通道不畅通，扣 2 分。

7.2 机房电源设施

7.2.1 通信电源

评分标准

对各类通信电源系统和设备应定期进行检查，并做好记录。蓄电池定期进行充放电检测试验，并根据充放电结果对蓄电池组实际运行情况作出评估，并针对具体问题提出整改建议。电源供电系统图准确完整，与实际相符。供给机房的两路交流电源应由不同变电站或不同母线供电。整流设备配置容量应在模块 *N*–1 情况下大于负载容量与 10% 的蓄电池容量之和。设备负载应平均分摊。

评价依据

【依据 1】《国家电网有限公司十八项电网重大反事故措施（修订版）》（国家电网设备〔2018〕979 号）

5.3.1.12 220kV 及以上电压等级的新建变电站通信电源应双重化配置，满足“双设备、双路由、双电源”的要求。

【依据 2】《通信专用电源技术要求、工程验收及运行维护规程》（Q/GDW 11442—2015）

7.1.4 调度大楼通信站每日至少进行一次巡视，变电站内的通信电源应纳入变电站统一日常巡视范围，通信运维人员每季度至少进行一次通信电源设备专业巡视。

7.1.7 定期和专项安全检查时，应结合通信站内实际负载的变化，核算一次电源系统开关容量和蓄电池总容量是否满足系统设计和负载正常运行要求；必要时应采取增加设备、扩容模块或负载调整等措施加以解决。

查证及评价方法

抽查通信站、变电站通信设备供电系统图，检查电源设备及连接线的标识情况。抽查蓄电池维护记录，蓄电池充放电测试记录。

无定期检查记录，每发现一处，扣 3 分；现场无供电系统图，每发现一处，扣 3 分。电源连接线无标识，每发现一处，扣 1 分；蓄电池无维护记录，每发现一处，扣 2 分；无蓄电池充放电记录，每发现一处，扣 5 分；供给机房的两路交流电源未通过不同变电站或不同母线供电，扣 5 分；整流设备配置容量不满足标准要求，每发现一处，扣

3 分。设备负载未平均分摊，每发现一处，扣 2 分。

7.2.2 交流电源

评分标准

1）信息机房输入电源应采用双路自动切换供电方式，电源进线的总配电柜（箱）处加装防浪涌装置。

2）信息设备电源应与照明、空调等设备电源分开，电源连接点应与其他设备的电源连接点严格区别，并应有明显标识。

评价依据

【依据】《国家电网公司信息机房设计及建设规范》（Q/GDW 1343—2014）

9.1.1 信息机房用电负荷等级及供电要求应根据机房的等级，按现行国家标准《供配电系统设计规范》的规定执行。

9.1.3 信息机房供配电系统应考虑机房设备扩展、升级的可能性，并预留备用容量。

9.1.5 A、B 级信息机房应采用两路来自不同变电站的线路供电，其中 A 级机房宜采用专线方式供电；C 级信息机房应采用两路来自不同配电变压器的线路供电，同时采用 ATS（自动切换开关）进行双电源自动投切。

9.1.8 主机房应设置专用动力配电柜（箱），并在电源进线的总配电柜（箱）处加装防浪涌装置。信息设备电源应与照明、空调等设备电源分开。A 级机房信息设备与照明、空调等设备电源配电柜应分开设置。

9.1.10 信息设备的电源连接点应与其他设备的电源连接点严格区别，并应有明显标识。

查证及评价方法

检查机房交流电源供电方式及相关资料。

机房输入电源未采用双路自动切换供电方式，每处扣 10 分；电源进线处未配置防浪涌装置，每处扣 10 分；信息设备电源应未照明、空调等设备电源分开，且电源连接点未与其他设备的电源连接点严格区别，并无应有明显标识，每发现一处，扣 5 分。

7.2.3 不间断电源

评分标准

1）A、B类机房应采用不少于两路独立UPS供电；C类机房可根据具体情况，采用多台或单台UPS供电。

2）UPS设备的负荷不得超过额定输出的70%；采用双UPS供电时，单台UPS设备的负荷不应超过额定输出功率的35%；UPS提供的后备电源时间C类机房不得少于2小时。

3）机柜内应使用PDU为信息设备供电，每一个PDU应配套采用独立的空气开关进行控制。

评价依据

【依据】《国家电网公司信息机房设计及建设规范》（Q/GDW 1343—2014）

9.2.1 信息设备应由不间断电源系统供电。不间断电源系统应有自动和手动旁路装置。确定不间断电源系统的基本容量时应留有余量。

9.2.2 用于信息机房内的动力设备与信息设备的不间断电源系统应由不同回路配电。

9.2.3 A、B级信息机房的主机房应采用不少于两路UPS供电，且每路不间断电源系统容量要考虑其中某一路故障或维修退出时，余下的不间断电源能够支撑机房内设备持续运行。

9.2.4 C级信息机房的主机房可根据具体情况，采单台或多台UPS供电，但UPS设备的负荷不得超过额定输出功率的70%，采用双UPS供电时，单台UPS设备的负荷不应超过额定输出功率的35%。

9.2.5 在市电失电的情况下，信息机房UPS电源后备时间按附录A的要求执行。

9.2.6 机柜内应使用PDU为信息设备供电，每一个PDU应配套采用独立的空气开关进行控制，便于检修和避免故障范围扩大。A、B级机房中，机柜内的PDU应分别由不同的UPS供电。C级机房中，机柜内的PDU至少有一个是由UPS供电。双电源设备的电源应分别连接到不同的PDU运行。

查证及评价方法

实地检查机房UPS配置及运行情况和相关运维资料。

A、B类机房少于两路UPS供电，每发现一处，扣10分；UPS设备的负荷超过额定输出，扣 10 分；机房后备电源时间不满足需求，每发现一处，扣 5 分；机柜内未使用 PDU 为信息设备供电，每发现一处，扣 5 分；每一个 PDU 未配套采用独立的空气开关进行控制，每发现一处，扣 3 分。

8 应急管理

应急管理主要包括组织体系、预案体系、演练管理、应急保障、应急处置、恢复重建等六部分 14 项查评内容，查评分共计 100 分。其中组织体系包括应急指挥机构 1 项内容；预案体系包括专项应急预案、现场处置方案、预案评审和预案修订 4 项内容；演练管理包括应急演练和演练评估 2 项内容；应急保障包括应急队伍和应急保障能力 2 项内容；应急处置包括应急响应和信息报告 2 项内容；恢复重建包括恢复重建和调查评估 2 项内容。

8.1 组织体系

8.1.1 应急指挥机构

评分标准

各单位应根据信息通信及电力监控系统事件处置需要，成立由分管领导为组长、各相关部门负责人为成员的应急指挥机构，负责本单位信息通信及电力监控系统应急处置协调指挥。

评价依据

【依据 1】《国家电网有限公司突发事件总体应急预案》（国家电网办〔2018〕1181 号）

3.1.1 公司常设应急领导小组，全面领导公司应急工作。应急领导小组职能由安委会行使，组长由安委会主任（董事长）担任，常务副组长由安委会常务副主任（总经理）担任，副组长由安委会副主任担任，成员由安委会其他成员担任。应急领导小组主要职责：贯彻国家应急管理法律法规和方针政策；落实党中央、国务院应急工作部署；在公司党组的领导下，统一领导公司应急工作；研究部署公司应急体系建设。

【依据 2】《国家电网公司网络安全与信息通信应急管理办法》[国网（信息 /3）405—2018]

第一条 公司网络安全和信息化领导小组对公司网络安全与信息通信应急工作实行

统一领导和管理，负责根据突发事件处置需要，临时成立专项事件应急处置指挥机构，组织、协调、指挥应急处置。

【依据 3】《国家电网公司信息通信工作管理规定》[国网（信息 /1）399—2014]

第四十五条　建立健全信息通信应急指挥体系，开展应急演练，编制和滚动修订应急预案和现场处置方案，建立上下联动、单位协同快速响应机制。

【依据 4】《国家电网公司电力二次系统安全防护管理规定》[国网（调 /4）337—2014]

第三十七条　建立健全电力二次系统安全的联合防护和应急机制，电力调度机构负责统一指挥调度范围内的电力二次系统安全应急处理。

第三十九条　出现紧急安全事件，尤其是遭受黑客或恶意代码的攻击时，应采取紧急防护措施，防止事件扩大，并向上级电力调度机构报告。

查证及评价方法

查阅相关资料和文件。

未成立相应应急指挥机构，扣 10 分；应急指挥机构成员分工不明确，扣 5 分。

8.2　预案体系

8.2.1　专项应急预案

评分标准

1）各单位应组织编制网络与信息系统、通信系统、电力监控系统突发事件处置应急预案。

2）应急预案内容应包括应急组织机构、风险和危害程度分析、事件分级、预警发布流程、应急响应措施、信息报送等内容。

评价依据

【依据 1】《国家电网有限公司突发事件总体应急预案》（国家电网办〔2018〕1181 号）

1.6　预案体系

专项应急预案是公司为应对某一种或者多种类型突发事件，或者针对重要设施设备、重大危险源而制定的专项性工作方案。

1.6.2 总（分）部，各单位设总体应急预案、专项应急预案，视情况制定部门应急预案和现场处臵方案，明确本部门或关键岗位应对特定突发事件的处置工作。公司总部和各单位本部涉及大面积停电、消防安全等事件管理工作的部门，应当编制相应的部门应急预案，并做好与对应专项预案的内容衔接和工作配合。

3.1.2 公司应急领导小组下设安全应急办公室和稳定应急办公室（两个应急办公室以下均简称应急办）。安全应急办公室设在安全监察部，负责自然灾害、事故灾难类突发事件，以及社会安全类突发事件造成的公司所属设施损坏、人员伤亡事件的归口管理。稳定应急办公室设在办公厅，负责公共卫生、社会安全类突发事件的归口管理。

应急办的主要职责：落实应急领导小组部署的各项任务；对各部门、各单位执行应急领导小组应急指令情况进行监督检查；与相关职能部门共同负责突发事件信息收集、分析和评估，提出发布、调整和解除预警；与国家有关部门沟通联系，及时报告有关情况；经应急领导小组批准，发布、调整和解除突发事件预警。

【依据2】《国家电网公司网络安全与信息通信应急管理办法》[国网（信息/3）405—2018]

第十四条 网络安全与信息通信应急预案体系是公司应急预案体系的重要组成部分，由专项应急预案和现场处置方案构成。

第十五条 公司各级单位网络安全与信息通信应急预案体系由本单位信息通信职能管理部门负责组织编制，编制过程应以《国家电网公司应急预案管理办法》为依据，遵循“横向到边、纵向到底、上下对应、内外衔接”的原则，突出实际性、实用性和实效性，并结合各自职责范围、工作实际和应急管理工作需要。网络安全与信息通信应急预案体系至少应包含以下预案和方案：

（一）专项应急预案

（1）网络与信息系统突发事件处置应急预案；

（2）通信系统突发事件处置应急预案。

查证及评价方法

查阅应急预案相关资料和文件。

未建立专项应急预案，扣5分；应急预案内容不符合公司实际情况，不具备可操作性，未突出“实际、实用、实效”原则，每发现一处，扣1分。

8.2.2 现场处置方案

评分标准

各单位应编制信息通信及电力监控系统相关现场处置方案，应覆盖：

1）主机、网络、存储、业务应用、灾备、安全设备、基础设施、大面积停电事件信息通信处置、信息通信备用调度启动及信息通信一体化调度运行支撑平台（I6000）监控的全部在运信息系统的现场处置方案。

2）交换及电视电话会议系统、电源系统、数据通信网、通信光传输系统、通信光缆、通信 PCM 等现场处置方案。

3）大规模病毒爆发感染、外网网页被篡改、敏感数据泄露、拒绝服务攻击等各类网络安全突发事件的现场处置方案。

4）各类电力监控系统突发事件现场处置方案。

评价依据

【依据 1】《国家电网公司网络安全与信息通信应急管理办法》[国网（信息 /3）405—2018]

第十五条 公司各级单位网络安全与信息通信应急预案

（二）现场处置方案

（1）主机、网络、存储、业务应用、灾备、安全设备、基础设施、大面积停电事件信息通信处置、信息通信备用调度启动及信息通信一体化调度运行支撑平台（I6000）监控的全部在运信息系统的现场处置方案；

（2）交换及电视电话会议系统、电源系统、数据通信网、通信光传输系统、通信光缆、通信 PCM 等现场处置方案；

（3）大规模病毒爆发感染、外网网页被篡改、敏感数据泄露、拒绝服务攻击等各类网络安全突发事件的现场处置方案。

【依据 2】《国家电网公司电力二次系统安全防护管理规定》[国网（调 /4）337—2014]

第三十八条 各单位应编制本单位电力二次系统安全防护应急预案，定期组织演练，做好预案的动态更新和修订工作。

【依据 3】《国家电网有限公司通信系统突发事件应急预案》（编号：SGCC-ZN-04）

10.2 预案演练

（1）本预案应每年至少进行一次演练，演练方式可以为实战演练、桌面推演或者两种方式结合，也可以与其他专业预案联合演练，以此检验预案的可操作性，增强各级人员应急处置的实战能力；

（2）根据应急预案的演练的实际情况，进行预案演练评估和总结，对发现的问题及时采取措施予以解决，不断充实和完善预案，增强应急预案的可操作性。

【依据4】《国家电网有限公司网络与信息系统突发事件应急预案》（编号：SGCC-ZN-05）

10.2 预案演练

各分部、公司各单位应建立应急演练常态机制并形成制度，滚动修订应急演练年度计划，落实应急演练保障措施，建立健全应急演练情景任务库，通过演练提升应急队伍指挥协调能力、专业协同能力，增强应急处置能力，确保应急处置响应迅速、保障有力、专业实效。

各分部、公司各单位应按照总部统一要求，与定期开展的专项应急预案和现场处置方案的培训、考试相结合，有效开展各类专项应急演练，每年应组织专项应急预案与现场处置方案演练，各专项应急预案的演练每年至少进行一次，各现场处置方案的演练应制定演练计划，以三年为周期全覆盖。各分部、公司各单位应急演练应以应急预案为基础，编制应急演练方案，演练后进行总结，并进行评估，制定相应的保障措施。应急演练内容应全面完整。

【依据5】《国家电网有限公司调度自动化系统故障应急预案》（编号：SGCC-ZN-09）

10.2 各单位应建立健全应急处置方案，每年至少开展一次调度自动化系统故障应急演练，每半年至少开展一次调度自动化系统故障应急现场处置方案应急演练。

查证及评价方法

查阅现场处置方案相关文件和资料。

现场处置方案覆盖范围每少一项，扣1分。

8.2.3 预案评审

评分标准

1）专项应急预案和现场处置方案，应由本单位信息通信或电力监控职能管理部门组织专家进行评审。

2）专项应急预案评审通过后，应由本单位分管领导签署发布。

3）重要信息通信系统现场处置方案评审通过后，应由职能管理部门和运维单位负责人联合签署发布；一般信息通信系统现场处置方案评审通过后，应由信息通信运维单位负责人签署发布。

评价依据

【依据1】《国家电网公司应急预案评审管理办法》[国网（安监/3）485—2014]

第二条 公司各级单位总体应急预案、专项应急预案编制完成后，必须组织评审；涉及多个部门、单位职责、处置程序复杂、技术要求高的现场处置方案应组织进行评审。应急预案修订后，视修订情况决定是否组织评审。

第五条 公司各级单位总体应急预案的评审由本单位应急管理归口部门负责组织；专项应急预案的评审由该预案编制责任部门负责组织；需评审的现场处置方案由该方案的业务主管部门自行组织评审。

第二十三条 应急预案评审会议通常由本单位分管应急预案编制责任部门的领导或其委托人主持，参加人员包括评审专家组全体成员、应急预案评审组织部门及编制部门有关人员。

第二十五条 应急预案经评审、修改，符合要求后，由本单位主要负责人（或分管领导）签署发布。

【依据2】《国家电网公司网络安全与信息通信应急管理办法》[国网（信息/3）405—2018]

第十七条 公司各级单位编制完成网络安全与信息通信专项应急预案和现场处置方案后，应由本单位信息通信职能管理部门组织应急管理方面专家进行评审。评审工作依据《国家电网公司应急预案评审管理办法》，重点对专项应急预案和现场处置方案的层次结构、文字格式以及合法性、完整性、针对性、科学性进行评审，并形成评审意见。

第十八条 公司各级单位专项应急预案评审通过后，应由本单位分管领导签署发布；重要信息通信系统现场处置方案评审通过后，应由信息通信职能管理部门和信息通信运维单位负责人联合签署发布；一般信息通信系统现场处置方案评审通过后，应由信息通信运维单位负责人签署发布。

查证及评价方法

查阅相关资料和文件。

未开展应急预案、现场处置方案评审，发现一处扣5分；专项应急预案、现场处置方案签署发布不规范，发现一处扣 5 分。

8.2.4 预案修订

评分标准

各单位专项应急预案和现场处置方案每三年应至少修订一次。

评价依据

【**依据**】《国家电网公司应急预案管理办法》[国网（安监/3）484-2014]

第三十二条 应急预案每三年至少修订一次，有下列情形之一的，应进行修订。

（一）本单位生产规模发生较大变化或进行重大技术改造的；

（二）本单位隶属关系或管理模式发生变化的；

（三）周围环境发生变化、形成重大危险源的；

（四）应急组织指挥体系或者职责发生变化的；

（五）依据的法律、法规和标准发生变化的；

（六）应急处置和演练评估报告提出整改要求的；

（七）政府有关部门提出要求的。

第三十三条 应急预案修订后应重新发布，并按照本办法第四章的规定重新备案。

查证及评价方法

查阅相关资料和记录。

预案未应及时修订且不符合实际情况的，发现一处扣 5 分。

8.3 演练管理

8.3.1 应急演练

评分标准

1）应建立应急演练常态机制并形成制度，滚动修订应急演练年度计划。各专项应急预案的演练每年至少进行一次，各现场处置方案的演练应制定演练计划，以三年为周期全覆盖。

2）各运维单位应制定年度应急演练计划。

评价依据

【依据】《国家电网公司网络安全与信息通信应急管理办法》[国网（信息/3）405—2018]

第二十六条 公司各单位应按照总部统一要求，与定期开展的专项应急预案和现场处置方案的培训、考试相结合，有效开展各类专项应急演练，至少应包含以下演练内容：

（一）各专项应急预案的演练每年至少进行一次；

（二）各现场处置方案的演练应制定演练计划，以三年为周期全覆盖；

（三）国网信通公司和国网上海电力、国网陕西电力完成年度灾备演练排期，公司各单位按照排期开展本年度灾备演练；

（四）国网信通公司（国网信通调度）每双周组织公司各单位开展信息通信系统常态化演练；各分部每年组织本区域内单位至少开展一次示范性无脚本实操演练。

第二十七条 公司各级单位应急演练应以应急预案为基础，编制应急演练方案，并进行评估，制定相应的保障措施。应急演练内容应全面完整，涵盖网络安全与信息通信的各类应急场景。

第二十八条 应急演练方式分为桌面演练、模拟演练及实操演练。在开展实操演练之前，需经过桌面演练和模拟演练，以验证演练方案实际可行，确保实战演练过程中系统安全稳定运行。

查证及评价方法

查阅相关资料和文件。

未按要求开展应急演练，扣5分；应急演练后未进行评估总结，扣5分；未制定年度应急演练计划，扣5分。

8.3.2 演练评估

评分标准

各单位在应急演练结束后，应组织应急演练评估，评估的主要内容包括：演练的执行情况，预案的合理性和可操作性，指挥协调和应急联动情况，应急人员的处置情况，对完善预案、应急准备、应急机制、应急措施等方面的意见和建议等。

评价依据

【依据1】《国家电网公司应急工作管理规定》[国网(安监/2)483—2014]

第二十四条 应急科技支撑体系包括为公司应急管理、突发事件处置提供技术支持和决策咨询，并承担公司应急理论、应急技术与装备研发任务的公司内外应急专家及科研院所应急技术力量，以及相关应急技术支撑和科技开发机制。

第三十条 应急信息和指挥系统是指在较为完善的信息网络基础上，构建的先进实用的应急管理信息平台，实现应急工作管理，应急预警、值班，信息报送、统计，辅助应急指挥等功能，满足公司各级应急指挥中心互联互通，以及与政府相关应急指挥中心联通要求，完成指挥员与现场的高效沟通及信息快速传递，为应急管理和指挥决策提供丰富的信息支撑和有效的辅助手段。

【依据2】《国家电网公司网络安全与信息通信应急管理办法》[国网(信息/3)405—2018]

第三十三条 公司网络安全与信息通信应急技术支撑(以下简称应急技术支撑)工作要按照信息通信专业发展规划和运维体系总体要求，落实本质安全工作要求，结合公司网络安全与信息通信运行技术支撑现状开展，全面覆盖监测及预警、故障分析与定位、应急处置、应急工作管理等方面。

查证及评价方法

查阅相关资料和文件。

应急演练后未进行评估总结，扣5分；总结内容不全的，每缺少一处扣2分。演练后评估要说明演练过程中存在的问题，对相关预案、处置方案的验证情况，是否需要对预案、现场处置方案进行修订，应急处置的改进计划。

8.4 应急保障

8.4.1 应急队伍

评分标准

1)各单位应建立信息、通信应急基干队伍。其中信息方向涵盖信息系统、网络安全、数据中心、灾备技术等领域；通信方向涵盖通信传输、交换、网络、电源、光缆、视频会议等领域。

2）应急基干队伍应每年进行一次测评，评估队员是否符合队伍结构的要求，并根据结果进行调整。

评价依据

【依据1】《国家电网公司网络安全与信息通信应急管理办法》[国网（信息/3）405—2018]

第四十一条 应急基干队伍的专业应包括信息、通信两个方向。其中信息方向涵盖信息系统、网络安全、数据中心、灾备技术等领域；通信方向涵盖通信传输、交换、网络、电源、光缆、视频会议等领域。

第四十四条 应急基干队伍应每年进行一次测评，评估队员的年龄、体能、技能、专业分布等是否符合队伍结构的要求，并根据结果进行调整。国网公司级应急基干队伍由国网信通公司（国网信通调度）依据实际工作情况进行人员动态调整；省级单位级应急基干队伍由各公司自身进行定期维护，并上报总部备案。

查证及评价方法

查阅相关资料和文件。

未成立信息通信应急基干队伍，扣10分；未开展应急基干队伍应测评，扣5分。通常这一部分内容只查评省公司层面。

8.4.2 应急保障能力

评分标准

各单位应根据事件处置需要配备必要的信息通信应急物资和备品备件。

评价依据

【依据】《国家电网公司网络安全与信息通信应急管理办法》[国网（信息/3）405—2018]

第四十八条 信息通信应急物资（以下简称应急物资）主要包括基本通信器材、移动照明发电设备、信息通信工器具、办公用品、劳动防护用品和后勤保障物资。

第四十九条 信息通信备品备件（以下简称备品备件）包括备品和备件。备品指能够独立行使某种电气性能的整体性设备，能够完全替代原有同类在运设备；备件指整体性设备的零部件，可替代在运设备上的同类零部件，使在运设备继续保持原有性能。

查证及评价方法

查阅应急备品备件、工器具等相关台账资料，现场抽查完好性。

未配备相关应急物资或备品备件，发现一处扣 2 分。

8.5 应急处置

8.5.1 应急响应

评分标准

1）各单位应建立应急处置协同机制，根据职责分工及处置流程组织开展突发事件发现、响应、分析处置等应急处置工作。

2）各单位应按照“先抢通后抢修、先隔离后处置”的原则进行应急操作，组织对故障进行定位、排查、处置、验证、反馈，并向上级信息通信调度机构进行汇报。

评价依据

【依据】《国家电网公司网络安全与信息通信应急管理办法》[国网（信息/3）405—2018]

第五十八条 公司各级单位应按照“统一领导、综合协调、分级响应”的原则，建立应急处置协同机制，依据突发事件级别，启动应急响应，根据职责分工及处置流程组织开展突发事件发现、响应、分析处置等应急处置工作。公司网络安全与信息通信应急响应分为四级，分别对应发生特别重大、重大、较大和一般网络安全与信息通信突发事件。

第五十九条 突发事件发生后，事发单位信息通信调度机构负责调度指挥工作，运维检修机构负责应急处置工作，依照相关规定逐级上报，上级信息通信调度机构做好事件处置监督工作。

查证及评价方法

查阅相关资料和文件。

查询故障记录，存在事故发生后未逐级上报，谎报或瞒报，扣 10 分；存在信息报送不规范，迟报或漏报，扣 5 分。

8.5.2 信息报告

评分标准

1）整个应急处置期间，应执行汇报制度，向上级信息通信调度机构及本单位信息通信职能管理部门报告有关信息。

2）故障发生单位信息通信职能管理部门应在应急处置完毕后 24 小时内提交书面即时报告至总部，在应急处置完毕后七个工作日内提交正式报告至总部。

评价依据

【依据 1】《国家电网公司网络安全与信息通信应急管理办法》[国网（信息/3）405—2018]

第六十六条 国网信通公司（国网信通调度）和故障发生单位信息通信职能管理部门应在应急处置完毕后 24 小时内提交书面即时报告至总部，在应急处置完毕后七个工作日内提交正式报告至总部。参与处置的研发单位应在应急处置完毕后 24 小时内提交书面即时报告至总部，由于系统架构设计、开发质量等导致的各类故障，在应急处置完毕后七个工作日内，提交正式报告至总部。

【依据 2】《国家电网公司调度系统重大事件汇报规定》[国网（调/4）328—2016]

第三条 调度系统重大事件包括特急报告类、紧急报告类和一般报告类事件。

第七条 重大事件汇报的时间要求：

（一）在直调范围内发生特急报告类事件的调控机构调度员，须在 15 分钟内向上一级调控机构调度员进行特急报告，省调调度员须在 15 分钟内向国调调度员进行特急报告；

（二）在直调范围内发生紧急报告类事件的调控机构调度员，须在 30 分钟内向上一级调控机构调度员进行紧急报告，省调调度员须在 30 分钟内向国调调度员进行紧急报告；

（三）在直调范围内发生一般报告类事件的调控机构调度员，须在 2 小时内向上一级调控机构调度员进行一般报告，省调调度员须在 2 小时内向国调调度员进行一般报告。

查证及评价方法

查阅相关资料和文件。

未向上级信息通信调度机构及本单位信息通信职能管理部门报告有关信息，扣2分；应急处置完毕后未提交正式报告至总部，扣3分。

8.6 恢复重建

8.6.1 恢复重建

评分标准

应急处置工作结束后，相关单位要组织开展灾损排查，迅速摸清灾损情况，评估信息通信系统的恢复重建能力，制定重建方案，落实主体责任，并根据重建方案，积极组织受损信息通信设备、设施、系统和数据的恢复重建工作。

评价依据

【依据】《国家电网公司网络安全与信息通信应急管理办法》[国网（信息/3）405—2018]

第六十三条 公司各级信息通信运维单位在评估问题影响并判断风险等级后，应对问题处置进度保持及时跟踪与信息发布，通过信通客服做好用户解释工作并与业务部门保持沟通；在整个应急处置期间，须同时执行汇报制度，向上级信息通信调度机构及本单位信息通信职能管理部门报告。

第六十八条 公司各级单位要根据重建方案，积极组织受损信息通信设备、设施、系统和数据的恢复重建工作。当信息通信系统应急处置导致原有运行方式发生变化时，通过重建措施恢复原运行方式或优化更新运行方式。

查证及评价方法

查阅相关方案等资料。

未制定重建方案，扣5分；未根据重建方案，积极组织受损信息通信设备、设施、系统和数据的恢复重建工作，扣10分。

8.6.2 调查评估

评分标准

各单位要对突发事件的起因、性质、影响、经验教训和恢复重建等问题进行调查评估，及时收集各类数据，开展事件处置过程的分析和评估，制定防范和改进措施。

评价依据

【依据】《国家电网公司网络安全与信息通信应急管理办法》[国网（信息/3）405—2018]

第六十九条 公司各级单位要对突发事件的起因、性质、影响、经验教训和恢复重建等问题进行调查评估，同时，要及时收集各类数据，开展事件处置过程的分析和评估，制定防范和改进措施，优化网络安全防护体系，提出信息通信设计规范和网络安全防护加固提升建议，完善现有的应急预案及制度标准等。

第七十二条 公司各级单位应加强应急专业数据统计分析和总结评估工作，及时、全面、准确地统计各类突发事件，编写年度应急管理和突发事件应急处置总结评估报告并及时向总部报送。

查证及评价方法

查阅相关调查报告书等资料。

未开展调查评估，发现一次扣5分。